INTELLIGENT
WEAR

INTELLIGENT
WEAR

智慧穿戴
大解構 INTELLIGENT
WEAR

引爆下一輪商業浪潮   陳根 著

前言

　　智慧穿戴從被谷歌眼鏡（Google Glass）引爆至今，短短的幾年時間內，整個智慧穿戴產業快速經歷了從0到1到N的搭建過程。對於智慧穿戴這個產業的理解，也經歷了一個時間過程，從大眾的陌生到大眾的關注，尤其是對於可穿戴設備產品的應用。從產業本身層面來看，整個產業還處於一個梳理的過程中；從產業鏈技術本身層面來看，整個產業鏈技術環節都還處於一個探索的過程；從產業研究層面來看，也處於一個逐步深入的過程，這從我所出版的專著就能看出這個軌跡。

　　從最初，也是全球智慧穿戴領域被稱為開篇之作的《智慧穿戴改變世界—下一輪商業浪潮》到之後在臺灣出版的《穿戴式裝置時代：奇「機」上身・第四波工業革命來襲》，再到後來的《可穿戴設備：移動互聯網新浪潮》《可穿戴醫療：移動醫療新浪潮》《智能穿戴：物聯網時代的下一個風口》，以及最新出版的《預見：智能穿戴商業模式全解讀》，整個產業研究過程也是一個從淺入深的過程。

　　而出版《智慧穿戴大解構：引爆下一輪商業浪潮》這本書，主要是想梳理這幾年對於智慧穿戴產業一些關鍵問題的思考。本書主要從五個維度來探討關於智慧穿戴產業，分別為談產業、談產品、談技術、談事件、談應用，可以說這本書更像是關於智慧穿戴的百科全書，希望能夠對大家提供更多的幫助。

　　關於這本書的內容到底有多精彩，在此附上一部分觀點以助於大家更好地瞭解。

1・在智慧穿戴領域，我認為，當下也有一些迷霧需要廓清。因為這個行業的方

向，是由國外大公司在引導，中國本土企業大多數是追隨他們，但是一旦進入別人的發展邏輯，中國本土智慧穿戴產業方向有可能走偏。

2 · 如果要用一句話來定義可穿戴設備的話，那就是：「連接人與智慧設備的鑰匙」。這也正是可穿戴設備與手機以及其他智慧硬體之間最核心的區別，就在於人與物之間的資料化連接，這是手機無法做到的，只有可穿戴設備可以實現。

3 · 智慧穿戴簡單的理解就是感測器穿戴，指包括人與物在內的一切智慧化活動。也可以理解為產業智慧化相關載體產品的總稱，所涉及的領域遍布整個物聯網所覆蓋的範圍，包括人體、環境、工業、農業、家居、汽車、軍事、航空航太等。當然，在學術層面的名詞定義為物聯網的終端物理載體。

4 · 伴隨著智慧穿戴產業鏈技術的升級，智慧手機終將被智慧穿戴設備所終結，而且這事情的發生絲毫不以人們的意志為轉移。

5 · 可穿戴設備真正的價值在於對人體感官功能的拓展，也就是說借助於可穿戴設備讓我們的生理、心理，以及我們的感官能力獲得了延伸與拓展，這才是可穿戴設備真正的價值與意義，也是顛覆的根本所在。

6 · 當手機被可穿戴設備取代之後，大數據的作用與商業化價值將會放大，同時會帶動人工智慧與雲端運算的發展，當然還有生物識別技術。儘管今天我們基於手機的一些所謂金融支付創新，比如手機錢包等移動互聯網的金融支付工具，對於可穿戴設備而言都只是個過渡產品。

7 · 可穿戴設備的價值不僅僅是移動互聯網的價值入口，而且在下一輪的商業浪

潮中，人工智慧、移動互聯網、大數據等行業，要想與人進行連接，就必須借助於智慧穿戴這把人體鑰匙才能有效開啟。

8‧可穿戴設備真正的價值在於將人的動態、靜態各種行為與生命體態特徵資料化，這種變化所帶來的不僅是顛覆人類生活、商業的方式，而是能真正意義上實現移動醫療，或者說智慧醫療。

9‧智慧穿戴產業是一個非常特殊的產業，它不是單純的互聯網產品，也不是單純的硬體產品，而是一個以人、設備、智慧三者融合的產品，所以不能簡單地以互聯網的思維去思考智慧穿戴產品，也不能簡單地以硬體的思維來思考智慧穿戴產品，而是要抓住智慧穿戴的核心，就是與人綁定，並為人提供更為有效、便捷的生活方式。只有理解了可穿戴設備的本質，才能讓我們在產業商業化路徑的思考中不至於迷失。

10‧物聯網時代與PC互聯網或是移動互聯網時代相比有個革命性的變化，那就是計算能力由前端向後端轉移。前端硬體不再承載著資料的運算與處理工作，只承擔著採集、呈現、交互的工作，一切的運算向後端的雲端運算平臺轉移，這是一個從0到1的跨越。

11‧如果說，傳統互聯網的載體是PC，移動互聯網的關鍵載體是智慧手機，那麼物聯網的核心載體就是智慧穿戴設備。物聯網時代的生活，最基本的目標就是萬物相連、萬物數據化；借助於可穿戴設備將人與整個智慧穿戴設備連接起來，由此建構起一張龐大的物聯網。

12‧我有一句話要提醒智慧穿戴產業的從業人員，由於市場對於可穿戴設備有

比較高的期待、期望、關注，因此我們更加需要以冷靜、務實的態度來打造產品。

13．可穿戴設備從出現至今一直在爭議中發展，看好也罷，唱衰也罷，總而言之可穿戴設備產業的發展不會因為產業在發展過程中所出現的一些波折而停滯。

　　本書由陳根著。陳道雙、陳道利、林恩許、陳小琴、陳銀開、盧德建、張五妹、林道姆、李子慧、朱芋錠、周美麗等為本書的編寫提供了很多幫助，在此表示深深的謝意。

　　由於水準及時間所限，書中不妥之處，敬請廣大讀者及專家批評指正。

著　者

CONTENTS

Chapter **2** ·····················　112

談產品──創意無限，
新藍海蓄勢待發

談應用——可穿戴醫療，
殺手級應用或出其間

Chapter **1**

談產業——山雨欲來，在摸索中蹣跚向前

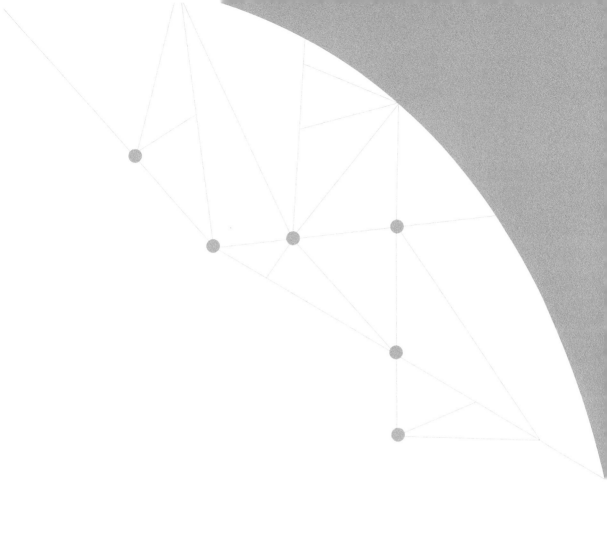

可穿戴設備即將改變我們的生活與商業，不僅是醫療，社會管理、智慧家居、智慧汽車、社交、互聯網金融、電子商務等都將會隨著可穿戴設備的介入而被顛覆、被改寫。

1-1 總括智慧穿戴產業

可穿戴設備：連接人與物的智慧鑰匙

可穿戴設備無疑是當前最為爆紅的行業，不僅僅是它成為移動互聯網的新入口那麼簡單，很關鍵的一點是它讓人的靜態、動態體態特徵資料化。

互聯網領域有一句很經典的話，叫作：「站在風口，豬都會飛。」今天的可穿戴設備或許是站偏了位置，調整下就一定能飛起來。

不論智慧家居、智慧城市、物聯網或是大數據等產業如何爆紅，都無法取代可穿戴設備。當然，這些行業的快速發展將有助於智慧穿戴行業的發展。智慧家居、智慧城市或是物聯網等產業有一個共同的特性，就是針對物物相連，解決物物之間的智慧連接與資訊化關係。而這些產業的發展要想實現最終的構想，也就是智慧科技為人服務，就必須借助於可穿戴設備來實現物與人之間的連接。

現在很多人對於可穿戴設備存有誤解，總是容易將可穿戴設備帶向科技愛好者的寵物路線上，這與可穿戴設備的真正意義有所偏離。當然，出現這種現象也是產業發展過程中的一個必經階段，任何產業的發展都需要經過不斷的修正，最終讓產業與用戶的認知趨於一致。

在筆者的認識中，可穿戴設備一個最大的價值，也是區別於智慧家居、智慧城市或是物聯網等產業最核心的一項價值，就在於它是移動互聯網時代唯一能承載，並實現人與智慧硬體連接的設備。

筆者曾經提出過，未來智慧穿戴將取代手機成為世界的中心，這句話不是

隨便説的。或許很多人認為當前的移動端應用，甚至於智慧穿戴硬體本身的一些控制應用都要基於手機實現，可穿戴設備最多也只能算是手機的附屬品。對於這樣的認識，筆者不能説有錯，但只能説有這種觀點的人對於科技趨勢的認知相對局限，或者對於可穿戴設備的理解並不深入。

手機與智慧家居等硬體在本質上並沒有太大區別，只是手機作為一種通訊工具，我們賦予了它更多的功能，同時也讓我們自己無形、人為地黏上了它。但可穿戴設備與手機之間最核心的區別就在於人與物之間的資料化連接，這是手機無法做到的，也是智慧家居、智慧城市或是物聯網等產業無法做到的。因為可穿戴設備可以在真正意義上植入人體，綁定人體，識別人體的體態特徵、狀態。因此，不論是智慧汽車、智慧家居、智慧城市或是物聯網等產業，最終要想與人進行有效連接都必須通過可穿戴設備這把人體的智慧鑰匙。

今天，筆者想給大家一個關於可穿戴設備，或者智慧穿戴的重要定義：「可穿戴設備是連接人與智慧設備的鑰匙。」這個定義非常重要，是關係到大家對可穿戴設備的認識及其價值思考的關鍵。

可穿戴設備不僅僅是移動互聯網的價值入口，更是在下一輪商業浪潮中，智慧、移動互聯網、大數據等行業，要想與人進行連接，或者説想通過為人解決問題而進入商業大門的鑰匙。

可穿戴設備領域的從業者們選擇的這個創業領域並不是科技寵物，而是掌管未來商業價值轉換的金鑰匙。當然，如何讓這把金鑰匙開啟寶藏之門，筆者會盡可能地多花時間與大家進行分享、探討。

讓夢想成為現實的可穿戴設備

什麼是「可穿戴設備」？就是借助於智慧科技的發展，讓我們成為科幻片中那些有超強能力的人，即不久的將來我們都會成為「鋼鐵人」（鋼鐵俠）。過去要實現溝通，我們要靠飛鴿傳書；後來，我們可以通過郵寄信件進行溝通；之後隨著電話、BB call呼叫機的出現，我們的溝通方式又被改變了；進入互聯網時代，不僅我們的溝通方式被改變，隨之而來的生活方式、商業方式以及戀愛方式都被改變了。

而可穿戴設備的出現，將會帶我們進入一個夢幻的時代。試想在不久的將來我們不用再擔心銀行卡密碼被盜；我們不用再擔心手機密碼被你的那個她解開而引發不必要的戰爭；我們不用再為過安檢時的身份識別而煩惱；我們不再因為身體狀態的異常而跑到醫院如無頭蒼蠅亂撞一通；我們不用再糾結如何養生可以讓自己更健康更年輕；我們不用再為自己的學識不淵博而自卑……這一切都將因可穿戴設備的出現而實現。

有那麼一隻錶戴在我們手上，或者有那麼一件內衣穿在我們身上，它通過識別我們的心率、視網膜、血液流速、指紋等人體的一項唯一生理特徵建立了唯一識別性，並且通過人工智慧進行同步動態識別，集成了我們的身份以及各種金融、交易帳戶等，不僅讓我們的交易便捷、安全，更讓生活簡單、高效、可靠。

設想一下，當我們穿或戴上一件可穿戴設備後，它會時刻監測我們的

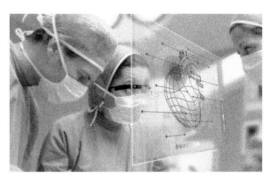

身體狀況、運動狀況、新陳代謝狀況，還會讓我們動態、靜態的生命、體態特徵數據化。通過對生活、工作習慣的監測，借助於醫院的大數據平臺，能夠隨時給予我們診斷建議與調整建議，而不需要耗費大量的時間獲得身體狀況的檢查報告。而當我們的身體狀況出現異常時，醫院就會自動根據我們身體的監測狀況進行診斷，並尋找到相對應的專科醫生。不僅如此，還將結合醫院的資訊化管理自動排號分配檢查時間，並通過可穿戴設備將就診時間、地點、專家資訊發送給我們。

隨著遠端同步技術的介入，還可以邀請美國的醫生為中國的病人進行治療、診斷，並且可以為中國的患者做手術。美國的醫生只需要在美國通過操控穿戴在中國患者身上的可穿戴設備，就能實現中國患者的同步機器人手術，這不是科幻，而是已經實現的技術。

而在可穿戴設備領域具有代表性，並為我們所熟知的谷歌眼鏡目前在美國就已經被遠端診斷以及一些手術所應用。僅此方面讓我們看到可穿戴設備不僅僅是幫助我們解決了當前醫療就診的困難，更是顛覆與改變了我們的生活方式。

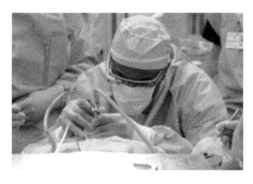

可穿戴設備即將改變我們的生活與商業，不僅是醫療，社會管理、智慧家居、智慧汽車、社交、互聯網金融、電子商務等都將會隨著可穿戴設備的介入而被顛覆、被改寫。

可穿戴設備的價值——
讓生命體態特徵資料化

可穿戴設備為什麼如此爆紅？或許有人說因為它是移動互聯網的資料入口。

如果只是移動互聯網的資料入口，為何全世界的巨頭、資本、科研機構都在向它挺進呢？到底可穿戴設備的價值在哪裡？本書前文「可穿戴設備：連接人與物的智慧鑰匙」給可穿戴設備做了一個明確的定義，而在本節中筆者想與大家探討的是可穿戴設備的價值到底是什麼。這個問題是筆者在國外跟一些專家一起探討時，所提出關於可穿戴產業價值的一個思考，當然筆者對這一問題的思考定義也獲得了很多專家的贊同。

在這裡，筆者想與國內的專家、業界同仁共同分享、探討關於可穿戴設備價值認識的這個問題。對可穿戴產業價值認識這個問題非常關鍵，決定著消費者、業界對於可穿戴設備走向的把握。根據筆者的觀察，目前似乎很多人都是將可穿戴設備理解為一個能與人連接的智慧硬體產品，或者說在不久的將來是一款比手機更強大的智慧產品，因此都將可穿戴設備當成手機的附屬品，或者是類手機的智慧硬體在做，包括可穿戴醫療類的產品也有著類似的影子。

當然，目前出現這一現象在可穿戴設備產業鏈的總體技術還沒有完全達到其要求前，是產業發展階段的必經過程。可穿戴設備未來會獨立使用，不再借助於當前的手機是必然結果，這裡不做探討。而我們重點要探討的是可穿戴設備的價值，在《智能穿戴：物聯網時代的下一個風口》一書中，筆者用了一章專門來探討可穿戴設備所帶來的顛覆與變革問題，這種顛覆與變革不是空談，而是基於對可穿戴設備價值的認知與理解。這裡不再討論，需要瞭解的請參閱該書。

　　目前我們看到的所有智慧硬體產品，不論是智慧家居、智慧手機還是智慧型機器人都有著一個共同的特性就是關於電腦硬體的智慧化，甚至包括更大的物聯網，所能做到的也只是讓物理世界的萬物資料化、智慧化。當萬物都數據化、智慧化之後，人如果沒有參與其中，此時科技所發揮的價值是非常有限的，因此一定需要通過可穿戴設備這把鑰匙將人與物聯網所帶來的智慧世界連接起來，使萬物智慧化之後的價值極大地發揮出來。

　　可穿戴設備作為連接人與物的智慧鑰匙，它的價值就在於讓人體的生命體態特徵資料化。這個價值認知非常重要，也是可穿戴設備區別於其他任何智慧產品的唯一價值所在。不論是智慧家居、智慧手機還是智慧型機器人，能做到的都只是在人體之外的智慧化，卻無法實現根據人自身生命體態特徵的變化而主動變化。尤其對於移動醫療類產品，如果只是基於手機而沒有與人的生命體態特徵進行深度綁定，所能解決的問題幾乎都是停留在醫療資訊化的層面，比如掛號、支付等。

　　因此，可穿戴設備不僅僅是智慧硬體小型化那麼簡單，其真正的價值在於將人的動態、靜態各種行為與生命體態特徵資料化。這種變化所帶來的不僅是顛覆人類生活、商業的方式，更是從真正意義上實現移動醫療或者說智慧醫療。

　　舉個例子幫助大家理解可穿戴設備所改變的移動醫療模式與價值，通常我們成人對於心臟的感知是出現心絞痛時，或者心率嚴重不整時自身才會察覺到，尤其在夜間深度睡眠狀態下，我們更是無法感知心率的狀況，因此很多心臟病引發的死亡都在睡眠中發生。而基於可穿戴設備，我們就可以隨時、隨地監護我們的心率，通過與醫院後臺大數據的連接（關於可穿戴設備與醫療的商業發展路徑這裡不做討論），當我們的心率發生異常情況時，通過科學的醫療標準，系統通過可穿戴設備就能自動識別、評定、診斷我們的病情是屬於輕微還是重度，甚至會預判趨勢。因為人的生命體態特徵的變化，在醫學領域都是

有前兆特徵的，而可穿戴設備就能監測到人體的這些前兆變化特徵，並基於醫院的大數據系統做出診斷。一旦用戶在深度睡眠的時候心率出現了心臟病的前兆，可穿戴設備就會自動叫醒用戶，或是自動連接醫院進行急救報警。

將人體靜態、動態的生命體態特徵資料化，這才是可穿戴設備的價值所在，也是區別於其他智慧硬體產品的一個核心價值。由於篇幅所限，這裡不再討論。筆者想告訴大家的是，可穿戴設備不僅僅是智慧硬體產品那麼簡單，更是真正能改變人的生活方式，為人類社會帶來幫助與改變的偉大科技。

智慧穿戴的漫漫旅途，
需要互聯網精神鋪路

谷歌眼鏡「轉道」了，智慧穿戴在吸「睛」之後，所預期的億級市場銷售量，遇到消費者的「可遠觀不可褻玩焉」軟著陸了。這其中的問題，到底出在哪裡？

智慧穿戴的「資料」困境

筆者認為還是對「互聯網精神」的消化與吸收不夠。智慧穿戴是一個依託於互聯網，並在移動互聯網時期發育起來的產物，但是在後期的成長過程中竟然脫離了互聯網精神；或者說，我們在用傳統產業的閉鎖思維做一個超前的創新產業，這是一個值得深思的問題。

互聯網的精神是什麼？在筆者看來，其中有一個很重要的思想就是「開放」。這一點對於發展智慧穿戴產業至關重要。為什麼這樣說？我們都知道智慧穿戴的核心價值仕資料上，但現在誰也不敢用所謂「免費」的方式來做著智慧穿戴。

可以肯定地說，當前誰要是有勇氣以硬體免費，然後通過可穿戴設備所採集的資料來轉移實現價值，必然是條坎坷之路。

這條坎坷之路，能給消費者帶來什麼呢？好的方面就是多了個免費的科技玩具，壞的方面則是讓用戶收穫了滿滿的失望。智慧穿戴產業要想比較快地實現資料挖掘價值，需要互聯網的精神，即「開放」。

「開放」啟動智慧穿戴產業

開放的前提是需要有企業承載開放所需的平臺，在此基礎上，推進對兩方

面資源的「開放」才能促進資料價值的早日形成。

一是平臺的營運者要有開放心態，讓不同智慧穿戴的接入企業，都能按各自的資料採集價值來享受平臺資料挖掘的價值。

二是智慧穿戴企業要有開放心態，願意合作、揪團（抱團）、分享資料，讓資料由專業平臺統一處理，而不是各自懷抱著點小資料，做著大價值的夢。

今天之所以出現可穿戴設備的資料商業價值還趨於零，其中很重要的一個原因，就是我們還在用傳統產業的閉鎖思維經營著「智慧穿戴」這個在開放形態下產生的事物。

如果繼續著這樣不開放、不統一資料，各自歸各自繼續發展下去，這條路行不行呢？不能說絕對不行，但這樣可能會讓智慧穿戴產業發展史的時間變得更漫長。

儘管當前智慧穿戴領域的各種社團、聯盟、組織很多，但筆者認為在當前最現實、最可靠的就是如何讓各自組織，以及組織與組織之間的成員資料統一歸口，這比探討所謂的標準更有意義。這也是一個重大的商業機會，搭建這個平臺創造的價值空間遠勝過當前的硬體本身。

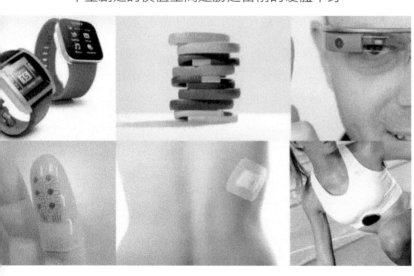

可穿戴設備時代的隱私權誰來保障

2014年6月26日，谷歌宣布，已經開始根據歐盟最高法院的裁定，在搜尋結果中刪除一些特定內容，給予使用者「被遺忘權」。谷歌表示，任何個人提交的請求必須指定他們希望刪除的連結以及刪除的理由，且這些理由必須讓谷歌內部審查小組滿意。對於那些通過審核的請求，谷歌將在28個歐盟成員國的谷歌網站搜尋結果中刪除相關連結。

而有外媒指出，這種「被遺忘權」根本無法完全兌現。這或許就是資料化最真實的寫照，只要硬碟還存在，資料依然存在，只是在某一個層面消失而已。而雲端服務開啟後，或許我們未來的資料存儲不一定是在特定的伺服器上，或許印度專門提供了計算、分析心率的雲端平臺、非洲提供了計算血壓的雲端平臺，美國提供了分析微表情的雲端平臺。我們的資料將被打散分布在世界的各個角落，要想徹底讓這些資料消失，或者說從地球上抹去一個人的痕跡似乎越來越不太可能了。

而就大陸的法律來看，目前更是缺乏關於個人在互聯網時代或者說大數據時代下的隱私保護法規，相關的界定至今也還未成形。

大數據商業化與個人隱私之間的矛盾

隨著大數據時代的到來，人們通過各種聯網的移動設備，在各大搜尋引擎中留下自己零零碎碎的痕跡，並且在各種場所消費也留下了記錄。而這一切使得那些別有用心的人借助於不斷發展的資料計算分析，可以輕而易舉地用這些零碎的資料資訊拼湊出一個現代意義上的完整的人。

在互聯網時代人們似乎覺得自己的隱私受到了威脅，而移動互聯網與大數據時代無疑加深了這種威脅。大數據時代，資料被奉為一切服務的起點與終

點。我們似乎生活在一個360度無死角監控的環境裡，周邊仿佛有千萬雙眼睛在盯著你，以全景式方式洞察著你，同時又有從四面八方湧來的資訊將你完全淹沒其中。

對於置身其中的用戶而言，一方面，渴望大數據時代給自己帶來更為貼心便捷的服務；另一方面，又時刻擔憂著自己的隱私安全遭受侵犯。這種焦慮從近期谷歌眼鏡在發布過程中屢屢受挫就能體現，即使谷歌眼鏡事實上什麼也沒有做，還是無法阻擋人們對資料安全的擔憂。

於大數據時代而言，這在本質上就是一場商家與商家之間、用戶與商家之間的隱私之戰。對於商家來說，誰更靠近用戶的隱私，誰就占據了更多的機會；對於用戶而言，保護隱私，似乎從一開始就是一個偽命題。

可穿戴設備時代的隱私權

可穿戴設備時代的來臨，將完全激化這場個人隱私與大數據商業化之間的矛盾。因為可穿戴設備的核心是個人資料價值的挖掘與利用，而同時用戶也越發開始重視自身的隱私安全，並且正在努力尋求途徑維護這種權利。

此外，可穿戴設備時代將為大數據商業化提供持續深耕的最佳環境。整個可穿戴設備時代生態圈的建立，是基於平臺的搭建和協同，而背後真正支撐這一切得以運行的是資料的獲取、分析與結果回饋。

如何在可穿戴設備時代，在大數據商業化與使用者隱私保護之間尋找到一個平衡點，建立一套完善的機制，是這整個時代都無法避免的一大問題。歐盟的「被遺忘的權利」基於刪除某些用戶認為侵犯到個人隱私的資訊之上，筆者認為這在具體實施的過程中將使問題更加複雜化。

目前有報導稱，谷歌已經陷入了「兩頭為難」的境地，即用戶要求刪除含有自己姓名的資訊，而後各大媒體聯名表示反對，認為這導致他們的許多報導不知所云。

　　關於大數據商業化與使用者隱私保護之間的較量才剛剛開始，歐盟邁出的這第一步或許收效甚微，但至少已經在提示所有人，大數據商業化是大勢所趨，而個人隱私保護也正在隨之得到越來越多人的回應。未來，將在法律層面賦予每個人去捍衛自身隱私得到保護的權利。

　　美國也在近期推出了相關的法律法規，試圖管理使用者的資料隱私。這對於用戶的保護意義顯然是存在的，但還是難以平衡商業與隱私這一對矛盾。

　　不論這對矛盾如何演變，都有三方面是肯定的。一是一切都將數據化的時代是必然趨勢；二是人們對隱私的權利意識將越來越強烈；三是各國對於資料安全的意識與監管越來越完善。或許未來，我們將會在資料隱私與商業化之間找到一個相對平衡的契合點。

1-2 對產業的評價與建議

把脈可穿戴產業的10大病症

可穿戴設備已開始進入一個新的發展階段，從原先火熱的概念炒作，到如今已慢慢落地的產品，無不在昭示著這是一個充滿機會的行業。然而，每個行業的發展，都會經歷各樣的瓶頸期，可穿戴設備行業也不例外。

對於投資者、創業者、從業者而言，可穿戴設備由於是個發展相對比較爆紅的朝陽產業，因此充滿著無限機會，但同時也伴隨著諸多瓶頸。若不想方設法一一攻克，只一味地貿然進入、盲目模仿，嵌套傳統的商業模式等，不僅不能有效地促進這個行業發展，反而會使自身陷入困境，更會錯過許多機會。

那麼目前，可穿戴行業到底具體存在哪些病症？目前，筆者總結出以下十大病症。

病症 1 市場前景美好，當下迷霧重重

最近，總能看到全球各大知名市調公司發布的有關可穿戴設備市場的報

告，從這些資料中能看出，可穿戴設備未來的市場一片利好，前景廣闊。無論是出貨量還是增長率，都在告訴市場：趕緊進入。

許多傳統的IT廠商紛紛開始轉型研發、生產可穿戴設備。目前，市面上最多的可穿戴設備就數智慧手環了。

然而，從市場的資料情況來看，可穿戴設備市場並未到真正爆發的階段，這對於欲進入這個行業的各家廠商而言，更需要冷靜看待各組資料，思考自身的產品定位與核心競爭力。

病症 2 　缺乏直擊用戶的殺手級功能及應用產品

如果我們希望於通過市場調研而獲得用戶的需求，比如去詢問一些人需要一款具有哪些功能的智慧設備，基本很難找到真實的答案，即便是給出了一些建議，也未必是真實的需求。

在這方面，蘋果就是一個智慧硬體領域非常典型的例子。在智慧手機未誕生前，用戶並沒有主動去尋求這樣功能的手機，而賈伯斯首先洞察到了用戶的這些潛在需求，進而打造了一部iPhone 手機，顛覆了整個世界的通訊、社交、甚至生活方式。

筆者曾在《如何讓可穿戴設備真正火起來成為剛需》一文中剖析了目前用戶的一些吐槽，發現用戶真正的需求往往潛藏在他們淺層需求的背後，需要深度開發與挖掘才能覺察，之後再將之轉化為設備上可觸可感的功能。

從目前可穿戴設備所提供的功能來看，其真正的殺手級應用不知還在哪條道上漫步。

病症 3 　過於局限的產品形態

在目前所有可穿戴設備的產品形態中，智慧手錶、智慧手環占據的份額最多，其次是智慧眼鏡及智慧戒指。剩下的還有智慧臂環、智慧跑鞋、智慧腰

帶、智慧頭盔、智慧鈕扣等。

有時候不禁疑惑，IT界的商家推出了一款又一款功能幾乎相同的智慧手環，到底為何？產品的同質化現象已經愈演愈烈，大家都一窩蜂往一個地方砸資金，卻忽略了這個行業其他諸多的產品形態。

能夠被穿戴在人身上的東西形態各異，手錶、手環從傳統角度而言僅僅是首飾，以「戴」為主。或許還可以想想怎麼把設備從頭至腳「穿」在人身上，這其中能夠延伸的產品形態會數不勝數。

病症4 任何繞開功耗而談使用者體驗的產品都是耍流氓

如今的可穿戴設備，廣告打得最響的就是其五花八門的功能。不乏一些用戶暫時被功能所吸引，迅速搶購一部設備，但使用一段時間後，發現功能馬馬虎虎，續航能力簡直不可理喻，大大影響了用戶體驗。

顯然，就智慧穿戴設備本身而言，其功能與耗電量成正比，功能越多，耗電量就越多，但目前電池蓄電量由於受到體積的限制而沒辦法得到改善。

功耗是所有智慧設備都繞不開的第一大硬傷。對可穿戴設備而言，如果功能應用敗給了手機，續航能力再敗給手機，試問：用戶花錢買它作什麼？

或許精簡功能是一個不錯的選擇，至少有助於集中精力提升用戶體驗。

病症5 沒有成為科技與設計的融合

相信許多人在選擇一樣佩戴於身上的物品時，不僅佩戴舒適，其「長相」也非常重要。現在的可穿戴設備，尤其是手腕類產品的美感造型並沒有體現科技的魅力。

好看的概念產品很多，工業設計師會經常創造一些很具有用戶價值的概念設計產品，但實物從未見過。在可穿戴設備行業，如果能真正地通過創新，將科技與設計融合在一起，換言之就是什麼時候好看又好用集合在一起，可穿戴

設備就實實在在上一個臺階了。

病症 6　如何通過產品痛點實現行銷，繼而提升性價比

目前可穿戴設備的創業門檻並不高，只需要百萬元級別即可與代工廠商合作，實現起訂量2000台，每台晶片、圖像感測器、存儲、顯示、電池以及營運總成本不過人民幣500元的可穿戴設備的生產，但這樣的形式在與大型ODM廠商的已有原型產品競爭中將不具優勢。

不僅如此，在可穿戴行業目前產業鏈已初步形成。硬體設計、外觀設計、演算法應用、晶片、蓄電池、感測器、顯示幕等都有專業的廠商，甚至連技術方案都有專業的公司提供，這樣反而導致了廠商難以形成屬於自身獨特賣點的產品。

在產品自身缺乏痛點①的前提下，要想獲得銷售的唯一方法就是加大行銷宣傳的力度、加大行銷費用的投入。同時，如果要實現差異化的設計，嫁接於第三方服務的基礎設施，也將會直接促使成本上升，從而給諸多初創企業在投資過程中如何實現可持續的發展帶來了困擾。

可穿戴設備只有通過創新，才能打造產品力。也就是筆者經常講的，做簡單、細分、可靠、實用的功能，哪怕只有一項功能，將其做到極致，就能打造產品力，從而提升性價比（CP值）。

病症 7　缺乏可穿戴設備界的 Android 和 iOS 平臺

未來，能夠在可穿戴行業占據一席之地的必是平臺商，而非單純的硬體商，當然最完美的是硬體與平臺的結合。

現在的可穿戴產品因過於碎片化，用戶體驗也打了好幾個折，出現可穿戴設備界的Android或iOS平臺是一種必然趨勢。也唯有這樣，才能對零碎的設備

---

① 痛點：是指目前尚未被滿足而又被廣泛渴求的產品。

及資訊有效整合，挖掘其作為流量新入口的價值，從而達到最大經濟效益。

谷歌Androidwear 目前就在做這樣一種嘗試，此外健康醫療平臺如蘋果的healthkit、三星的SAMI、谷歌的GoogleFit也都在開拓各自的領地。未來誰將贏得最多的用戶，我們拭目以待。而中國本土目前在這個巨大的潛力市場中還未入席。

病症8 扎堆的運動保健類可穿戴設備，其他的呢

社交娛樂、運動保健、健康醫療、移動通訊、金融支付、軍事工業……這就是目前可穿戴設備涵蓋的功能，其中最多的是社交娛樂和運動保健。社交娛樂在智慧手機上已經很強大，而運動保健應該算是可穿戴設備比較占優勢的地方，所以瞬間引來一大片商家扎堆②生產相似功能的設備，「克隆」（複製）讓可穿戴產品失去了思想。

未來如何有效融合可穿戴設備的功能，並非功能的簡單疊加，達到基於一個硬體實現使用者所需要的功能。比如，不僅能監測健康狀況，又能進行社交分享，還能進行金融支付。簡而言之就是基於一個硬體的多種應用，這些應用並非一種功能疊加，而是精簡的用戶需求，這才是方向。

通過可穿戴設備的使用，最後達到幫助用戶建立良好的生活習慣，改善健康狀況，將使用者從資訊大爆炸的環境中解放出來，這才是可穿戴設備真正的價值所在。

病症9 資料監測不精準，用戶信任度呈下降趨勢

目前可穿戴行業的發展速度之快確實有點超越了筆者這位行業專家的思考速度，一些新的技術以筆者掌握的情況都還處於探索或者測試階段，但市場上這種功能的產品已經在銷售了。比如，主打可時時監測人體心率、血壓、血

② 扎堆：聚攏，湊熱鬧的意思。

糖，運動過程中的熱量消耗、步數等功能的產品。

　　曾經問過很多邀請筆者去考察的團隊，發現這些團隊中沒有一個是這方面的醫學專家，全部是硬體、軟體專家在做具有醫學專業的事情，這樣的產品可想而知。再比如智慧手環，被爆測量的資料並不準確，傳感監測位置與演算法都還有待提高。

　　從目前的一些產品來看，其資料存在著誤導使用者的嫌疑，更談不上用於醫學層面了。高精度且低功耗的感測中心是可穿戴設備一大有待突破的重點，如果資料不準，之後的資料應用便無從談起，用戶的信任也將被大大傷害。

病症 10 　商業模式霧裡看花

　　終於，大家開始關注可穿戴設備行業的商業模式了。筆者在出席國際、國內的大小會議時，每次都會呼籲可穿戴商業路徑的問題，因為筆者發現傳統的智慧設備商業路徑與模式並不適合可穿戴設備行業。

　　作為一個新興的行業，目前在國際和中國大陸都存在一個現象，即推動可穿戴行業發展的力量一方面來自資本，另一方面則來自技術型團隊。而國外的技術型團隊相較於中國大陸的，其優勢在於他們並非只是單純的硬體、軟體型團隊，而是真正學科跨界型的綜合團隊。

　　真正能理解用戶，並且打造出一款有清晰商業路徑或模式的產品，跨界型團隊比資本型或技術型團隊的成功概率要大。而成功的商業模式不僅僅是傳統的通過銷售硬體獲得利益，這只是一個比較簡單的商業行為。如何通過產品的設計來設置可持續的商業路徑，如何通過一種商業模式實現可持續的發展才是關鍵。

制約智慧穿戴產業爆發的三大問題

在筆者看來，智慧穿戴能被廣泛接受與爆發的基礎是為用戶提供實際的並且科學的指導意見，而非停留在資料的採集、處理、回饋等一些概念層面的自我陶醉。當然，資料的採集、處理、回饋是基礎，而能根據監測資料發現問題，同時根據問題為使用者提供解決的指導意見或方案才是消費者的「痛點」。

不僅是智慧穿戴，筆者認為目前所有的智慧產品都有個誤區，就是在產品的單點創新上很突出，而站在產品的總體使用方面來看總是存在各種各樣的考慮不周或者體驗欠缺。這可能由兩個方面導致：一是新興產業的發展過程是個不斷修正、累積經驗的過程，因此在產品功能、實用性、交互體驗方面的考慮缺乏經驗沉澱；二是智慧產業的從業人員有很大一部分是年輕群體，或者說是由互聯網領域的人員跨界而來，在實際應用型產品的設計、製造方面缺乏經驗累積。

從市場角度來看，智慧穿戴是個趨勢產業，長期一定看好。但從目前市場的表面與短期表現情況來看，智慧穿戴產業存在三個問題有待理清。

一是產品的概念創新與商業化應用之間有待理清。概念創新類的產品應用性方面要求相對偏弱，而商業化的產品則更側重於實用性、可靠性、舒適性、交互便捷性等方面性能。這個問題通過產業的發展，會逐步理清，從而讓智慧穿戴產業步入產業商業化的軌道。

二是價格與價值之間有待理清。當前一些消費者認為智慧穿戴的價格偏高，其實這種心理與認知的出現，並不是產品價格本身的問題，而是價格與價值之間出現了錯位，導致給消費者帶來了貴的感覺。智慧穿戴的關鍵價值並不是一塊智慧手錶那麼簡單，也不是為用戶監測發現問題那麼簡單，而是基於雲

端服務與大數據為使用者提供解決問題的參考方案與指導意見。

三是產業認知與消費者認知需要理清。目前消費者似乎對於智慧穿戴不太滿意的現象普遍存在，大部分的消費者幾乎沒有購買智慧穿戴的概念。這主要是產業對於智慧穿戴的技術、功能定義與消費者認知需求存在偏差，消費者並不一定需要萬金油的產品，而更希望獲得能為自己的生活、健康、工作等提供實際幫助的產品。

這三個問題如果沒有理清，不論企業的行銷做得多麼強大，或者概念炒作得多麼吸引人，都不是可持續的道路；同時，還容易給用戶帶來「被欺騙」「被忽悠③」的感覺。而其中最關鍵的，也是決定智慧穿戴產業能否健康、持續發展的根本問題在於產業鏈的提升，以及產品價值的體現。

---

③ 忽悠：大陸東北地區的流行語，與台灣的「呼攏」意思有點像。

可穿戴設備亟待解決的三大深層問題

隨著可穿戴硬體、軟體、移動互聯網、雲端儲存、大數據等技術的不斷發展與完善，國家政策的支援以及資金的青睞，可穿戴設備正在迎來高歌猛進的階段。

然而，可穿戴設備領域將在一段時間內持續面臨以下三大深層問題，可謂機遇與挑戰並存。

（1）核心技術待攻克

目前市面上存在的可穿戴設備面臨的普遍問題是，電池續航能力差以及內置的感測器缺乏精準度。與此相對應的是，可穿戴設備需要在低功耗系統與傳感技術層面加強攻克力度。

由於可穿戴設備可以被用來穿戴於人體的各個部位，這種「貼身」的特點也使用戶對其的要求相較於其他的智慧設備更高。傳感技術更是被普遍應用於各類可穿戴設備之中，以監測使用者各項生理健康資料。

然而目前的設備所收集的資料，普遍缺乏精準度，更無法應用於嚴謹的醫療層面。而可穿戴設備若無法挖掘這一方面的潛力，也便失去了大半的市場吸引力。

此外續航能力差，除了歸結於電池技術本身未取得突破性進展外，可穿戴設備的功能運行特點也在一定程度上使其電池變得更加不堪一用。如可穿戴設備內置的感測器往往需要全天候偵測、搜集及處理與人體相關的各項資料，這就加快了電池的消耗。

未來，實現由低功耗感測器、低功耗核心處理器、低功耗藍芽技術、低功耗螢幕等組成的低功耗系統將是可穿戴設備面臨的主要技術挑戰；同時也是一

個巨大的機會，因為實現設備的低功耗，加強續航能力，會成為達到良好用戶體驗的基礎。

（2）可穿戴生態圈的建立

可穿戴設備相對其他的智慧設備而言，還處在一個起步但即將迎來爆發式發展的階段。然而目前多數商家還只停留於硬體的生產，在相關的系統與應用方面出現各自圈地、系統之間互不相容的狀況。

如今，整個可穿戴設備領域呈現一片零碎狀態，在資源整合與資訊互通方面都未達到最大的效益。谷歌、蘋果、微軟目前走在前端，但從國家資訊安全的角度出發，中國大陸需要在可穿戴生態圈方面建立自己的系統平臺。

此外，可穿戴設備背後的大數據未得到充分的挖掘。隨著移動互聯網、雲端運算、開源平臺、社交網路、人工智慧等技術的接入，將助推可穿戴設備引發新一輪商業浪潮的變革。而大數據的有效開發與利用會始終主導這場變革，成為被爭奪的核心。

（3）商業模式需探索

做一門生意，也是在做一門學問，避免不了對商業模式的探索，而成形的商業模式將加速整個行業的市場化進度。

從2013年開始，突如其來的可穿戴設備熱潮開始席捲整個IT界，許多人開始覬覦這塊蛋糕並試圖加入其中，快速分得一塊。

但當大多數人已涉足這個領域時，才發現不知究竟該做哪方面的可穿戴設備，提供怎樣的配套服務。概括地說，就是以怎樣的一種商業模式來操作這個市場並獲得利潤，沒人可以給出清晰的答覆。

目前普遍都停留在傳統的以硬體來獲得利潤的方式，這顯然不能將可穿戴最核心的資料價值挖掘出來。

可穿戴設備在諸多領域的商業模式還處在一個探索的階段。目前基於可穿戴的商業模式相對成熟的是醫療行業，並且實現了一些盈利。而在其他各大行業，隨著可穿戴設備領域整個生態圈的建立、成熟，商業模式必會成為業內人士首先去考慮的一個問題。

便宜是可穿戴設備的誤區

可穿戴設備產業在商業化的道路上似乎遇到了一些困難，尤其是對於一些進入終端應用產品環節的創業者們而言，市場的接受度並未能如期達到創業初期的理想目標。

理性地來思考可穿戴設備產業所走過的路，其實並沒有出現太多的問題，因為一個新興科技事物在一缺乏產業鏈支援、二缺乏商業模式參考、三缺乏用戶認知的三缺環境下，並且在短短的兩年時間裡勾畫出了一個商業化的輪廓，這是一件非常了不起的事情。

將可穿戴設備從科幻片中帶入現實生活中產生認知，毫無疑問要歸功於谷歌眼鏡。自從2012年4月份谷歌眼鏡發布之後，「可穿戴設備」就在科技、財經媒體領域中成為熱詞。借助於媒體的關注，大眾開始對可穿戴設備建立認知。2013 年可穿戴產業在移動互聯網的趨勢下站到了風口上，一批資本、人才、媒體、創業者紛紛湧入，中國大陸的華強北市場更是拋棄了手機，轉戰可穿戴設備產業。進入2014年，各種應用產品相繼推出，有獲得成功的，也有遭遇失敗的。各種展會、聯盟、行業組織紛紛成立，專注於服務可穿戴設備產業的一些行業垂直媒體也開始成形。

今天可穿戴設備還沒有取代手機，也還沒有獲得大眾的普遍認知。這其中的因素當然是多種多樣，比如業內通常討論的產品創新不夠、續航能力不足、監測資料的使用價值不高等，這對於一個才兩歲多的行業來說已經非常不易。站在整個產業角度來看，在這兩年多的時間內，可穿戴設備產業可謂與日俱增。

當然也有一些觀點認為影響著可穿戴設備市場普及的要素是價格，其實筆者並不這樣認為。影響著可穿戴設備使用者普及的關鍵要素並不在價格，而在

價值。舉個大家熟知的例子，蘋果手機對於手機的顛覆是因為價格便宜嗎？顯然不是。蘋果提供了其他手機無法提供的用戶使用體驗，這才是關鍵。

如果只是從價格角度去理解，消費者都有個普遍的心理認知，那就是希望便宜。當我們將使用者的視野從產品的價值關注轉移到價格關注上的時候，一件非常糟糕的事情就發生了，不論我們定什麼價格，消費者都希望能夠更便宜。比如我們定1000，消費者一定希望800；當我們定800，消費者一定希望600；哪怕我們定價為100，消費者也一定希望更便宜獲得。

在商品行銷中最忌諱的就是將消費者的關注點引到價格上，筆者在商學院授課時經常講的一句話就是：「因價格戰取勝的，必因價格戰而亡。」同樣，對於可穿戴設備而言，筆者認為影響當前最關鍵的要素與價格無關，而與價值有關。通俗地說就是一個商品能賣出高於原材料成本的價格高低不是由生產製造成本所決定，而是由附加價值所決定。比如蘋果，儘管很多消費者認為iPhone 6的創新並不理想，但它的價格依然高漲，市場銷售依然火熱。

這是什麼原因？僅僅是因為它叫蘋果嗎？顯然不是。並且從硬體成本來看，一些機構分析了蘋果手機的硬體成本不超過1500元人民幣，銷售價格卻在5000元人民幣以上。而我們知道了蘋果如此暴利，是不是消費者就不購買了？當然不是。因為蘋果提供了其他手機無法提供的一些使用價值，比如蘋果的拍照及其使用過程的反應靈敏度等方面的硬體驗至今都難以有手機能超越。這就是價值，就是在價格以外別人無法提供的價值。

而今天一些消費者認為可穿戴設備貴的原因顯然不是價格問題，而是由於價格與價值之間存在著偏差導致的。因此在筆者看來，當前最重要的並不是考慮可穿戴設備的價格，而是價值。我們如何能賦予產品更多的價值，這些價值部分才是消費者真正願意為之埋單的部分。

在今天智慧手錶、智慧手環、智慧眼鏡進入相互抄襲的環境下，誰能率先聚焦價值，誰就能率先突圍。尤其在經濟通膨的今天，菜市場的白菜都在漲

價，貨幣的交易價值越來越低幾乎成為了大眾的共識。面對這樣一個經濟環境，何來可穿戴設備價格貴這一說？如果一隻1000～2000元的智慧手錶、智慧手環能為我們的生活帶來便利，能為我們的健康帶來幫助，這樣的產品會沒有消費者埋單？而問題的關鍵是我們能否聚焦賦予穿戴設備更多真正意義的價值，而非科技寵物或者玩物。

智慧穿戴免費就是個冷笑話

這裡筆者想跟大家共同探討關於智慧穿戴（可穿戴設備）所出現的兩種聲音：一種聲音認為可穿戴設備太貴了，應該更加便宜；另一種聲音認為可穿戴設備就應該免費。

這兩種聲音不能說錯，但至少筆者並不認同。關於當前可穿戴設備貴這一說法，筆者曾經專門在一篇文章〈「便宜」是可穿戴設備的誤區〉中談到過，目前可穿戴設備帶給使用者貴的感覺的關鍵要素並不是價格問題，而是價值問題。也就是說可穿戴設備產業在2014年之前，基本處於在產業鏈並不完善的狀態下依靠創業者們的智慧與頑強的鬥志推動了產業前進，在這種情況下產品硬體本身的性能存在一些瑕疵無可厚非。

另外由於創業者的激情澎湃，希望在短時間內將更多美好的願望通過可穿戴設備帶給使用者，因此就賦予了產品相對較多的功能。這些所賦予的眾多功能中，難免會存在一些功能由於產業鏈或技術方案的限制而無法達到設計的初衷，因此就影響了用戶的使用體驗，進而導致了用戶購買後無法有效體驗到購買時候的產品宣傳效果，出現心理落差。

通俗地理解，也就是當用戶在購買一款可穿戴設備時，商家宣傳該款可穿戴設備有5項或者10項功能，然後價格是500元或者1000元，產品的製造成本200元，此時附加的功能就價值300元或800元，也就意味著每項功能60元或80元。從價格本身的層面而言，一項功能100元或是50元或是200元並沒有一個硬性的標準，只要用戶願意接受，它就具備這樣的價值。但問題就出現在使用者購買了這款產品之後，最後在回家使用的過程中發現並不能完全地有效體驗這些功能，或者是5項功能中只有幾項的監測功能是相對科學、合理的，而其他一些功能似乎都存在著一些問題，此時的價格與價值落差就形成了。

因此對於這個問題，筆者反覆強調一定要用極致的思維來做智慧穿戴產品。也就是說在當前產業鏈技術情況下，對相對成熟、可靠的技術進行應用，哪怕是一項功能，只要將其做到極致，能真正為用戶帶來幫助，就一定能帶來市場價值。由此看來，關於智慧穿戴設備價格貴的問題並不存在，如何務實產品的實用價值才是關鍵。

另外，關於智慧穿戴設備應該免費的這個觀點，筆者認為就是個冷笑話。我們不能說智慧穿戴設備由於可以採集和產生大量的資料，通過大數據來獲得與挖掘價值就應該將前端的設備免費化。或者說通過智慧穿戴設備的免費化，從而進行更多有效資料的採集以實現後端的商業模式，這並不是理性的商業邏輯。

這就好比我們對聯想集團說：「你銷售了那麼多電腦，我們使用你的電腦每天都產生大量的資料，而你可以通過系統與自帶的軟體抓取我們的資料，所以你的電腦應該免費送給我們，你們可以通過對抓取的資料進行挖掘，從而實現商業價值。」

或者我們對蘋果執行長庫克說：「我們在使用你的蘋果手機處理很多與工作、生活相關的事情，你通過系統可以抓取我們的相關資料，包括我們個人的相關資訊，因此你的蘋果手機應該便宜一點，或者應該免費送。」庫克會做嗎？大數據是一回事，智慧硬體本身又是另外一回事。

智慧穿戴產品是通過資料獲取，並且會對用戶進行更為深度的大數據獲取。但這在使用者購買硬體產品時就已經肯定了智慧穿戴硬體本身的功能，也就是用戶通過所購買的設備進行相關行為的資料化監測，並由產品自帶的系統向使用者回饋相應的監測分析與指導建議。就這些功能與服務，難道不需要支付貨幣？

而至於所採集的資料如何進一步實現價值，這是屬於產業的二次價值挖掘，是商業的另外一種表現形態。我們不能對淘寶網或者京東商城說：「今天

我們在你上面開店，你不應該收服務費和廣告費，因為你擁有了我們大量的資料，因此應該免費。而且，直通車、鑽展④、排名等的所有變相收錢行為都應該取消。」不是的，不僅這些要收費，筆者認為所採集的大數據二次挖掘後也要進一步實現商業價值。

總結上述觀點：第一，產品的貴和便宜與價格無關，與價值有關；第二，智慧穿戴，包括其他智慧硬體免費就是個冷笑話，智慧硬體本身就是硬商品，就應該以正常的商業行為來對待。而關於大數據的商業挖掘價值與硬體本身的服務是兩回事，不同的業態會出現不同的收費模式是件很正常的事。

④ 直通車、鑽展：兩者皆是淘寶裡面的推廣工具，也是淘寶最賺錢的主要工具。

可穿戴設備：是餡餅，也有陷阱

儘管智慧穿戴產品可謂大爆發，但是商業化的普及卻並沒有概念火爆。可穿戴產品從谷歌眼鏡、娛樂控制、兒童監護、健康醫療、智慧家居、智慧服飾到通訊等領域，資本雲集，技術比拚加速。

儘管可穿戴設備猶如一頭站在風口上的豬，但如果盲目地跟隨國外的路徑，這是一件很危險的事情，容易掉入陷阱。對於智慧穿戴，現在不是比拚技術、硬體的時刻，而是需要冷靜下來思考商業化路徑的時刻。

面對未來，資本要冷靜，技術人員要冷靜，創業者們更要冷靜。智慧穿戴產業是一個非常特殊的產業，它不是單純的互聯網產品，也不是單純的硬體產品，而是一個人、設備、智慧三者相融合的產品。所以不能簡單地以互聯網的思維去思考智慧穿戴產品，也不能簡單地以硬體的思維來思考智慧穿戴產品，而是要抓住智慧穿戴的核心，就是與人綁定，並為人提供更為有效、便捷的生

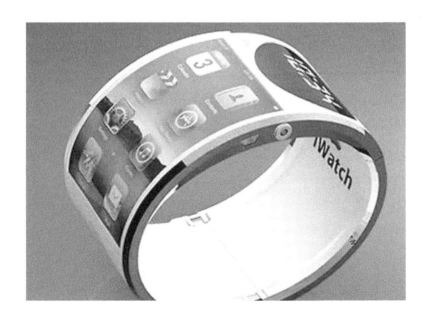

活方式。只有理解了可穿戴設備的本質，才能讓我們在產業商業化路徑的思考中不至於迷失。

回顧可穿戴設備這兩年多所走過的路，似乎業內外目前對於可穿戴設備的理解都有些局限。當然這跟產業的發展階段有關係，畢竟是一個新興產業。從產業探索者自身的角度看這處於一個摸索的階段；從消費者的認知角度看，還處於一個比較模糊的階段。

之所以目前大部分人對於可穿戴設備的認知還停留在智慧手錶、智慧手環的層面，主要有兩方面原因：一是受國外企業技術路線的影響，比如耐吉、三星等；二是產業在商業化的過程中，由於受到產業鏈技術的限制，迫使大部分創業人群選擇了從手錶環節入手。

其實對可穿戴設備真正的理解是在電腦技術微型化之後，一種基於移動互聯網的小型電腦，並不局限於人體。當然就人體可穿戴設備而言，也分為體表外可穿戴設備與植入式可穿戴設備，智慧手錶、智慧手環只是體表外可穿戴設備的一種形態。

除人體可穿戴之外，還有給動物、寵物的可穿戴設備，給花草樹木監測的可穿戴設備，以及給工業設備的可穿戴設備。其中最典型的就是GE的工業互聯網，最為核心的技術要素就是借助於給工業設備穿上可穿戴設備以監測其工作。而中國大陸在工業領域的可穿戴設備起步較國外稍晚了一點，這些將會是未來的一個重點方向。

如果要用一句話來定義可穿戴設備的話，那就是：「連接人與智慧設備的鑰匙。」這也正是可穿戴設備與手機以及其他智慧硬體之間最核心的區別，就在於人與物之間的資料化連接，這是手機無法做到的，也是智慧家居、智慧城市抑或是物聯網等產業無法做到的，只有可穿戴設備可以實現。它不僅可以實現資料化，更是將物與人進行有效連接的一把智慧鑰匙。

被IDC小看了的可穿戴產業到底有多大

可穿戴設備的格局定了嗎？或許這並不是一個需要討論的問題。因為在筆者看來，可穿戴設備的產業格局都還未形成，至少在未來的3年內市場格局都難以劃定。

IDC報告並不能代表整個可穿戴設備產業

當前，有各種各樣的預測報告對可穿戴設備產業做出預測。對此，筆者認為總體上來說都不太可靠；或者更精準地説，這些預測報告只能代表可穿戴設備產業的一部分市場，並不能代表可穿戴設備產業的全部。

之所以這樣説，是因為我們通過所發布的報告可以明顯地看到，它們對可穿戴設備產業的界定並不清晰，大部分都局限於當前的智慧手環、手錶類產品，並且只是選擇其中的一部分代表性品牌作為研究、統計的口徑來分析整個可穿戴設備產業，這顯然並不合理。

就官方的統計口徑來看，可穿戴設備目前人部分的產品都只是按照3C產品的認證方式來處理的。這也給有關部門的統計增加了難度，因為它不像手機類產品牽涉到入網備案。除了那些帶通訊功能的可穿戴式手機類產品，其餘不牽涉到通訊功能的設備可以説很大一部分都沒有主動備案的概念。同樣，對於可穿戴設備產業而言，包括中國大陸在內的全世界各個國家都還沒有形成正式的官方協會機構。

從中國的情況來看，目前所存在的聯盟、協會，要麼是地方性的，要麼是掛靠在某一協會下面的一個分支機構，只是很多人在宣傳的時候弱化了實際的背景資訊而已。相關組織、協會機構的缺位，必然會加大產業信息收集和獲取的難度。

到底什麼是可穿戴設備

鑒於IDC報告中對可穿戴設備的狹義定義，筆者認為在進一步討論可穿戴設備行業前景走勢之前，或許需要先行梳理一下到底何為可穿戴設備。

其實，可穿戴設備作為智慧穿戴產業中的一個分支，只是其中圍繞人體的智慧化產品部分。通俗地理解，就是可以「穿」「戴」在人體身上的智慧化設備。從與人體的接觸層面進行劃分，可分為體表外與體表內，也就是穿戴在人體皮膚外的穿戴式產品，以及植入人體內的植入式穿戴設備。

體表外的可穿戴設備是我們目前比較熟悉的產品，主要是由谷歌眼鏡和蘋果手錶引領，加之中國內地的諸多創業者以智慧手錶、手環為產品形態切入的可穿戴設備領域，成了大眾最為熟知的一種產品形態。但智慧手錶、手環類產品並不代表可穿戴設備的全部，只是可穿戴設備在體表外的一種表現形式。就整個人體可穿戴設備產業層面來看，智慧手錶、手環儘管起步較早，但市場容量可以說是整個可穿戴設備產業中相對較小的一個模組；可以說還未發力的智慧眼鏡、智慧服裝、智慧鞋子、智慧飾品、智慧內衣等體表外可穿戴設備中的任一產品形態，其市場空間都比智慧手錶、手環要大得多。

目前，中國國內外都已經有相關企業在這些領域進行探索、開發。比如在智慧紡織方面，中國香港大學的團隊就已經做了大量的技術研究，並具備了商業化量產的能力。而在植入式穿戴設備方面，包括智慧藥丸、奈米細胞、電子刺青、智慧避孕，以及其他一些與醫學相關的植入式智慧設備所釋放出

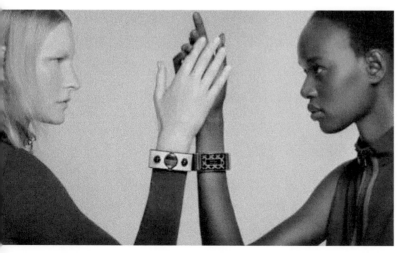

來的市場能量都是極具顛覆性的。

可見，片面地以當前的智慧手錶、手環來定義可穿戴設備產業並不客觀，而且也不具有代表性。儘管從智慧手錶、手環的產品層面來看，目前似乎也形成了一定的規模，如Fitbit、蘋果、小米、Garmin、三星等，但並未形成真正意義上的市場格局。其中的關鍵因素就在於整個智慧穿戴產業鏈，包括可穿戴設備的產業鏈都還未發展成熟。而目前我們所看到的局面，充其量也只能説明這些企業在以手錶、手環為表現形態的可穿戴設備產業領域中進行了比較深入的探索。

如何走出當前的困局

從可穿戴設備的技術層面來看，當前的這些對話模式都只是一種過渡技術，在不斷進化的產業發展浪潮中，這些當前看似在前的品牌很有可能會被「成功」的歷史與慣性思維「綁架」，而被後起之秀超越。不過這些企業相對於新進入的對手來説，所擁有的使用者資料累積、產品開發經驗以及演算法技術層面，還是具有一定優勢的。

對於進入可穿戴設備產業的創業者們而言，智慧手錶、手環是個不錯的選擇。因為在當前的產業鏈技術情況下，他們可以模仿國產智慧手機企業的組裝方式。不論是軟、硬方面，還是演算法技術方面，甚至產品的技術方案方面都有現成的專業提供商，連組裝都有專業的分工，而銷售則可以借助於京東、淘寶、蘇寧、點名時間等群眾募資平臺來「忽悠」。

這也是目前的智慧手錶、手環產業同質化嚴重，核心的差異化技術缺失的癥結所在。而且，相比於其他形態的可穿戴設備，智慧手錶、手環產業由於起步相對早一些，市場競爭自然也就更趨激烈一些。所以在筆者看來，要想進入可穿戴設備產業創業，或許可以從其他形態的人體可穿戴設備入手，比如智慧眼鏡、智慧服裝、智慧鞋子、智慧飾品、智慧內衣等方面。不論是從監測層

面，還是從產品的市場空間層面來看，這些形態的可穿戴設備都比當前的智慧手錶、手環更具有競爭優勢。

另外，無論是對於要進入這個領域的創業者們，還是已經在這個領域的創業者們來說，或許都需要換個思路，那就是不要局限地著眼於從終端形態的產品切入，而是要從整個產業鏈的角度考慮切入，比如智慧紡織、感測器、晶片、電池、虛擬實境技術、語音交互技術、演算法、雲端服務等產業鏈的某個關鍵環節切入，形成自己的技術優勢，則更有希望成為未來物聯網時代的一顆「耀眼」明星。

可穿戴設備市場到底有多大

可穿戴設備產業儘管經歷了3年時間的發展，但目前還處於起步階段，市場還未有效形成，更不存在「圈地完成」一說。目前，可穿戴設備產業不僅還未達到「圈地完成」的局面，甚至連地都還沒有發展好，又何談「圈地」？談「格局已定」更是為時過早。

　　那麼，可穿戴設備市場到底有多大呢？這個確實很難回答，但這個產業的市場空間一定是當前這些預測報告的N倍以上。我們先從最近被引用的IDC報告的資料來看，2015年2季度全球可穿戴產品的出貨量達到了1810萬台，相比於去年同期的560萬台增長了223.2%。這只是當前能夠獲得統計的幾個品牌的出貨量資料，並且基本上都是圍繞著智慧手錶、手環類產品展開的一種統計。

　　正如上文所說，一方面可穿戴設備產業並不只局限於智慧手錶、手環類產品，這類形態的可穿戴設備在整個可穿戴產業中占據的份額非常小；另一方面是這些統計本身就存在著一定的局限性。那麼我們姑且以IDC的這組資料為參考來對可穿戴設備產業做一個測算，假設智慧眼鏡的市場容量與智慧手環、手錶類產品一樣大；假設智慧鞋子的市場是智慧手錶、手環的3倍；假設智慧服裝的市場也是智慧手錶、手環的3倍；假設智慧飾品的市場和智慧手錶、手環一樣大，先不計算人體植入式可穿戴設備，也不計醫療類的可穿戴設備，不計未來智慧手機將成為可穿戴手機的市場，以及智慧內衣等。

　　就這樣簡單地做個估算，其市場容量是多大呢？按照IDC第2階段的1810萬台出貨量來計算，1810+1810+1810×3+1810×3+1810=16290萬台，然後還要乘以相應的素數，再乘以4個季度，此時所得到的資料才是相對可靠的市場容量。而對於整個智慧穿戴產業來說，其市場容量更是可穿戴設備的N倍以上。簡單地理解，即物聯網的智慧化終端設備就是智慧穿戴設備。

　　對於創業者們而言，當前不論是選擇進入可穿戴設備產業還是智慧穿戴產業，其實都還是一個好時機，整個產業的技術方向、產業鏈技術等都還處於一個探索、完善的過程；不論是Fitbit還是Apple，都只是可穿戴設備產業中的一個小分支，只是某一種功能、產品、技術的相對走在前面的探索者。而整個智能穿戴產業也必將伴隨著物聯網時代的到來一起快速發展，其所釋放出來的商業空間遠大於今天的互聯網或是移動互聯網。

智慧穿戴遇「冷」了嗎？
爆點都在發酵中

「可穿戴設備會繼續遇冷。」日前，Union Square Ventures聯合創始人Fred Wilson在對科技領域的走向做預測時，對可穿戴設備產業的前景如此預測。

也許很多人還不是很瞭解 Fred Wilson到底是何方神聖。在這裡，筆者先簡單地對其做個介紹：Fred Wilson，美國頂尖風投（風險投資）；由於出色的投資紀錄，被公認為紐約投資界最具影響力的人物之一。

他對可穿戴設備產業的發展並不樂觀，認為Apple Watch不會像iPod、iPhone 和iPad 一樣，成為蘋果旗艦產品，因為不是每個使用者都希望在自己手腕戴個電腦。雖然今後會有很多資本和創業公司繼續做可穿戴領域的嘗試，不

過結果還是入不敷出。

人體可穿戴將繼續遇冷

Fred Wilson的預測說對也對，說不對也不對。原因很簡單，如果單一地從人體可穿戴設備角度去理解，那麼Fred Wilson的預測有一定道理。因為對於人體可穿戴設備而言，目前確實還很難產生一些所謂剛需的產品，不論是國外還是中國內地。

我們就拿當下大家都比較傾向於涉足的運動跟蹤監測類產品為例，看看到底是怎麼一個狀況。這類產品乍看似乎還有那麼點剛需的成分，但仔細分析後，你會發現其用戶黏性其實並不高。從技術層面來看，實現運動量監測無非是傳感器演算法，常規的則是採用加速計&陀螺儀演算法技術來進行修正與得出結論。那麼，問題來了。

首先，我們從生活行為層面來看。對於美國人而言，由於他們的生活方式與習慣都還算比較願意遵守規則，那麼你可以對用戶做一些監測的行為要求，並獲得相對精準的資料；但對於中國人而言，很少有用戶會為了得到一個所謂「準確」的運動量資料，而願意照著手環或者手錶的要求進行規範操作。所以，不論是美國還是中國，所能獲得的資料都是相對的，因為沒有一個人的生活行為會完全照著監測設備的要求來完成。

其次，我們從監測技術層面來看。運動量的監測本身就是借助於感測器的資料獲取，然後採用演算法來實現。那麼結果的準確與否，一方面與感測器本身的採集精準度有關；另一方面則與演算法的排干擾有關。也就是說，我們很難對用戶的每一個行為都做出準確的判斷。

舉個最簡單的例子，就是洗澡。由於我們的手在迅速地位移、晃動，那麼此時戴在手上的手環就會「感受」到這種並非出自本意的運動，所得到的結果資料顯然就不具備真實參考的意義和價值。

最後，我們從用戶需求層面來看。或許有人認為運動跟蹤監測類產品是一種剛需，但在我看來，這更多的是一種「情懷」。原因很簡單，按不同的運動人群來分，對於熱愛運動的人群來說，戴著這個東西確實沒什麼實際意義，因為你提醒與不提醒、統計與不統計，他們每天都得有一個時段的運動；而對於不熱愛運動的人群來說，運動對於他們本身就是件三分鐘熱度的事情，或許初戴的幾天還覺得有點意思，但多提醒幾天之後，不管這手錶還是手環估計都要被直接取下了。

當然，當前一些開發者們為了提高使用者的產品黏性，導入了社交功能，讓自己的運動監測資料秀起來。但是這就好比曾經各種風靡的遊戲一樣，過了蜜月新鮮期，多數也就被打入冷宮了。

因此，不論是從當前的整個產業鏈，還是從技術層面，或是用戶行為習慣方面來看，人體可穿戴設備都還有很長一段路要走。

人體可穿戴 ≠ 智慧穿戴

智慧穿戴真的就是這樣一個概念範疇嗎？顯然不是。智慧穿戴，是基於整個物聯網各個行業層面的一個概念。

在今天，不論是國外或是國內，不論是業內或是業外，對於智慧穿戴產業的理解都存在著一定程度的片面性與局限性。因為大部分人對智慧穿戴的理解都只是停留在人體可穿戴設備，甚至僅限於體表外可穿戴設備上。

就體表外可穿戴設備來說，目前大部分的理解也還只是局限於那個錶和那個環。而對智慧穿戴產業的這種理解，必然就會帶來相應局限性的判斷。

智慧穿戴可以說是整個物聯網階段的核心，包括當前熱門的工業4.0 和中國製造2025 在內的實現都離不開可穿戴設備。從狹義上講，所謂智慧穿戴可以直觀地理解為感測器穿戴。但是，當前一些從業者習慣性地聚焦在人上，從而讓大家錯以為智慧穿戴就是給人穿戴的，其實人體可穿戴設備占整個智慧穿戴產

業的比重並不大。

比如除人體可穿戴之外的家居智慧穿戴，也就是大家簡稱的智慧家居；工業可穿戴、農業可穿戴、環境可穿戴、林業可穿戴、醫療可穿戴、寵物可穿戴、汽車可穿戴、時尚可穿戴、娛樂可穿戴、軍事可穿戴、教育可穿戴、成人用品可穿戴等的市場都不比人體可穿戴設備的市場小，並且技術難度相對還要小很多，產業鏈也要成熟很多。

基於這個層面，我們會得到兩點很重要的資訊。

一是對於當前智慧穿戴產業的從業者們而言，關注、思考、進入人體可穿戴設備之外的這些可穿戴設備領域的市場空間、潛力將更有作為；二是對於投資者們而言，不必過於為智慧穿戴產業擔憂。因為人體可穿戴設備只是整個智慧穿戴產業中的一小部分而已，並且當前在工業與醫療領域的應用規模已經遠超人體可穿戴設備領域。

智慧穿戴產業的發展趨勢

在筆者看來，可穿戴設備不僅不會遇冷，反而會持續爆紅。因為我們終將從移動互聯網時代演變到物聯網時代，而作為物聯網時代的核心，可穿戴設備就站在舞臺的中央。所以，筆者認為智慧穿戴產業今後會呈現以下幾方面趨勢。

① 人體智慧穿戴設備將持續增長，其中受Apple Watch的影響，智慧手錶將會有個增長高峰，智慧手環則會相對處於平穩趨勢，不會有太大波動。

② 人體智慧穿戴設備的市場將從智慧手錶、手環轉向智慧服飾、鞋子、眼鏡、時尚類產品，並成為一股新的增長潛力。

③ 受工業4.0 和中國製造2025 的利多影響，工業智慧穿戴將會成為一個新的藍海市場。

④ 寵物可穿戴市場將持續增長，並圍繞寵物的運動、追蹤、飲食等方面展開。

⑤ 受谷歌無人駕駛汽車的影響，汽車可穿戴設備將受到關注及重視，智慧汽車將會是下一階段汽車產業的重點技術方向。

⑥ 醫療可穿戴設備將正式發力，並開始介入醫療體系認證，其中包括成人用品與健康監測管理產品，以及醫療診斷設備。

⑦ 娛樂可穿戴將會成為一個熱賣點，包括VR、沉浸式以及體感交互類的可穿戴遊戲娛樂設備。

⑧ 環境可穿戴將會成為接下來一個階段的趨勢，這主要得益於智慧城市的建設。

⑨ 家居可穿戴的風口將持續，並以比較快的速度影響著傳統家居用品市場。

⑩ 軍事可穿戴也是一個即將起飛的領域，主要是為了滿足現代化戰爭與信息化戰爭技術的需要。

　　當然不能局限於這些領域，可穿戴設備正滲透於我們所處這個社會的方方面面。由此可見，可穿戴設備遇冷一說並沒有充分的理論和現實依據。

智慧穿戴不能只圖熱點，更要圖痛點

「智慧穿戴」火嗎？真的很火。從資本市場到國際巨頭，從概念探索到具體產品，簡直愈演愈烈，每天都有新聞，感覺馬上就要「爆棚」了。整個智慧穿戴市場仿佛瞬間由一塊未開墾的處女地，廝殺至如今的一片創業天地。人才、熱情、概念、資金、技術、夢想聚集其中，欲領跑時代風尚，掀起一輪前所未有的互聯網深層變革。

然而如果只是因為一個方向有許多人選擇就盲目追隨，那麼跑著跑著你就迷失了。這就像如今的智慧穿戴行業，許多人從一開始就沒有思考清楚硬體的商業化實施路徑與模式。

在股市，智慧穿戴概念股總能逆勢爆發，瞬間漲停。可穿戴巨頭頻頻發力於這個行業，資金大佬追捧這個行業，各大市調公司看好這個行業。顯然，這是一個朝陽行業，一個只要搶占先機就能迅速發達致富的行業，一個研發快、上市快、回報快的行業。

然後，許多商家開始魚貫而入，紛紛加碼，市場看似呈現一片欣欣向榮的利多景象，產品創意接踵而來，讓人應接不暇。但是眾人唯獨對一個關鍵的現象表現得有些視而不見，即消費者對智慧穿戴產品的熱情並沒有與火熱的概念相輔相成，反而出現日漸受冷的市場回饋。（筆者在〈如何讓可穿戴設備真正火起來成為剛需〉一文中曾對目前的市場問題做過闡述。）

究其原因，在受到資本與創業的鼓舞下，一些進入者主要是基於智慧穿戴的熱點，往往沒有深入思考如何將產品的功能落到消費者的痛點上。

首先，就目前市面上大量的智慧設備來看，並未實現真正的硬體獨立終端化，即還只是停留在對智慧手機及應用的複製和遷移階段。

其次，大量的智慧穿戴設備只是一堆元件與技術的疊加品，像個科技大

咖，只是一味粗魯地展示其雞肋的功能，缺乏人情味。

再次，作為智慧穿戴發力點的醫療行業，可謂智慧穿戴行業第一抹亮晶晶的曙光，在其中必能大有作為。但是，拿什麼對接智慧穿戴設備與醫療行業，讓二者融於一體共同造福人類呢？大數據應用！而目前，對其應用才剛剛撬起一個小口。

又次，缺乏對產品的創新。比如一大摞的智慧手環，用哪個都行，卻沒有哪個是必須不離身的。許多智慧穿戴產品從細節來看，有創新，但只能說是微創新。功能、設計、應用等方面，都還不足以直擊用戶痛點。

最後，商業模式在哪裡？目前商家做得最多的就是把現有的智慧手機營運模式生搬硬套至智慧穿戴設備上，主要精力都給了概念與產品的炒作。對消費者而言，這就像一場光天化日下的陰謀，不知買到的產品與自己到底有何具體的關係。

簡而言之，智慧穿戴設備的發展可謂正處於聚光燈下，此時更應聚焦用戶，而非技術的比拚。這就需要從業者撥開目前縈繞於周遭的重重迷霧，沉下心來思考如何整合產品功能，同時使技術向實用性、可靠性、穩定性扎根。

特別是在中國大陸，目前許多企業過於盲目地追隨IT界大佬們的步伐，卻未能從自身具體的條件出發做規劃，而常常陷入困境，甚至半途夭折。

智慧穿戴行業必須重新從「產品」回歸到「人」，細分人群、聚焦人群，從硬體到平臺，從碎片化到統一生態圈的搭建，真正達到智慧通達、互聯，各個方面融於一體的發展定位，實現基於互聯網的硬體與人之間的有效互動。至此，必將引爆下一輪商業浪潮。

可穿戴設備出路的兩點建議

可穿戴設備起源於20世紀，之後更多的則是停留在實驗室或特定領域的探索應用，且其應用在好萊塢的科幻片中不斷呈現。真正讓可穿戴設備從科幻片走入現實生活中被大家所認知、接受的則當屬耐吉手環和谷歌眼鏡，此後可穿戴設備就一發不可收拾。筆者在《智能穿戴：物聯網時代的下一個風口》一書的第二章產品與功能篇中做了比較詳細的介紹，這裡不再討論。

而目前市場最為火熱的基本聚集在腕錶、眼鏡之類的產品上，這些當然不能代表可穿戴設備的全部。筆者曾在網易專欄的另外一篇文章《可穿戴設備：連接人與物的智慧鑰匙》裡講過，作為連接人與物的智慧鑰匙，它所涉及的將是圍繞人的每個部位進行應用。應用領域如此龐大的可穿戴設備，為何現在展示給大眾的似乎就是買了一只錶那點事？

當然，這種現象在筆者看來有兩方面原因：一是可穿戴設備這個產業的商業化普及正處於發展的起步階段。任何產業從開始、發展到成熟都有個過程，而這個過程表現在產業產品方面時，就是從產業開始的產品品類單一，而後不斷延伸、豐富。在技術方面，則由粗放逐步向精密轉變，產業鏈將不斷優化、升級。

就如同電腦的發展一樣，從過去一個人無法搬動的臺式電腦，到現在隨手可拎的PC，這個過程差不多花了半個世紀。在這半個世紀中，圍繞著電腦產業的產業鏈時刻都在優化、升級，結果就是PC機越來越輕薄，性能越來越強大。

可穿戴設備作為移動互聯網的新浪潮，它的一個物理特性就是微型電腦，雖然目前看來似乎在一些技術環節上還並不如意，但這只是一個發展階段的正常過程而已，我們不必為這些問題擔心。

而目前商業化應用比較廣泛的可穿戴設備大都圍繞腕錶、腕帶、眼鏡之類

的在發展，這其中的另外一個原因就是巨頭、歷史所影響的一個結果。由於耐吉通過腕帶、谷歌通過眼鏡率先實現了可穿戴設備的商業化，從而引導著很大一部分企業採取模仿式創新的商業路徑，於是就形成了今天的市場局面：各大廠家都在推出看似同質化的腕錶、腕帶類可穿戴產品。

或許在很多消費者眼中這些所謂的智慧錶、智慧腕帶類產品總是有些不盡人意，甚至在很多行業的人士看來都是不屑一顧的同質化產品。而就這些問題，筆者想表達的是：在今天中國的市場上，有什麼產品是不同質化的？空氣淨化器？白色家電？小家電？智慧硬體？手機？洗髮水？筆者可以毫無疑問地告訴大家，今天中國市場幾乎沒有一個產業的產品不是高度同質化。儘管如此，我們依然看到不同的品牌還是可以形成不同的差異化競爭。

因此在筆者看來，對於可穿戴設備而言，不論是錶還是智慧腕帶，至少在目前還沒有同質化到無法差異化行銷的狀況。不可否認的是，不同的廠家如能有不同的重大技術差異當然是最為理想的狀況，而商業的普遍規律告訴我們這只是理想國，我們需要的是如何在同質化的產品上作出微創新，從而形成差異化競爭優勢。尤其對於可穿戴設備這一新興產業而言，創業者們更需要務實的微創新來實現商業化。對此，筆者有兩點建議。

① 不要隨意發動價格戰。可穿戴設備行業根本就不存在高價這一說，對於一個新興的高科技行業，如果沒有足夠的利潤空間則無法支撐這個產業的成長。

② 不要盲目追求萬金油。今天的腕錶、腕帶類產品在筆者看來不是功能不夠，也不是功能太少，而是功能太多，如何將單一或少數的功能做到極致，將足以讓你獲得足夠大的市場。

如何讓可穿戴設備真正火起來成為剛需

　　可穿戴設備概念的火熱可謂一輪高過一輪，在越來越多的媒體聚光燈照射下，越來越多的資本、人才與大小公司開始進入這個領域。但從目前的市場表現來看，出現了一個尷尬的局面，即可穿戴本是一匹狂性十足的野馬，卻似乎被套上了韁繩，無法闊步向前。

　　這條韁繩是什麼？筆者的思考有兩個方面，一方面是智慧硬體本身還存在很大的進步空間；另一方面是整個可穿戴生態系統還未真正建立起來。

　　先從智慧硬體本身來談，看一圈周遭的人，大家都在低頭滑手機，沒見過滑手錶的，更沒見過某個小群體圍在一起討論彼此卡路里燃燒了多少的。可見，可穿戴設備還沒真正殺入尋常百姓家，成為人們必備的物品之一。而筆者一直說可穿戴設備將取代手機成為未來的中心，其中的一個原因是可穿戴設備可以成為人體器官的一種延伸，一種將硬體與人體相連接的互聯網物理性質的產品。

前一段時間，筆者對目前已經面世的可穿戴產品在亞洲地區做了一個調查，瞭解到目前使用者對於可穿戴產品的理解與吐槽要素，大致集中在以下八個方面。

第一，除業界以外，大眾對於可穿戴產品並沒有一個準確、清晰的認識。

第二，目前的可穿戴產品功能特徵在實際使用中的體驗度不理想，存在著宣傳大於實際的情況。

第三，可穿戴產品在硬體外觀以及介面交互的設計美感上有待提高，同時用戶對於智慧腕錶類產品的佩戴舒適度感受不好。

第四，蓄電能力讓用戶很困擾，並且在產品之間缺乏統一的埠。

第五，基於手機的智慧腕錶在功能上依附於手機，離開了手機就難以獨立生存。

第六，可穿戴產品雖然有強大的工作能力，持續工作的感測器可全年無休，但使用者對其監測的資料普遍缺乏信任。

第七，大部分可穿戴腕錶功能過於繁多，強大得如同萬金油，卻沒有一技之長。

第八，目前可穿戴產品的價格與價值之間存在著錯位。

雖然目前可穿戴的發展還未普及為大眾產品，且這張考卷的分數也不理想，但筆者認為這就是機會，分數越低，說明進步的空間越大。

如果我們能一個一個地解決，目前讓消費者不滿的問題，如果能把設計跟上、續航能力跟上、特色功能跟上、痛點應用跟上、準確性跟上、用戶體驗跟上，可穿戴設備就將很快取代手機，下一輪的商業浪潮將即刻來臨。也就是說，之前的商業模式、系統平臺、硬體技術等都會被改變。

此外，對可穿戴設備領域而言，僅僅解決以上的硬體問題遠遠不夠，還需要基於系統平臺建立一個完整的生態系統。而在這方面，筆者有兩點思考。

第一，開源平臺的搭建。就像在智慧手機界平分天下的兩大系統IOS和

Android一樣，可穿戴領域需要逐漸從如今碎片化平臺及應用的現狀過渡到一個相容、彙聚各方資源的統一平臺。

第二，背後的大數據應用，建立大數據的應用平臺。這是可穿戴領域與其他智慧設備領域相比，最能體現優勢的地方。如何挖掘、分析、應用可穿戴設備所產生的大數據，將是可穿戴的下一個商業核心。

《智慧穿戴改變世界——下一輪商業浪潮》並非空穴來風，相反恰恰洞見到了這個時代的發展趨勢。然而，從發展至成熟的這個過程卻非一朝一夕的事，而需要不斷接受市場的檢驗，不斷被消費者拒絕、否認，之後不斷創新、自我完善、蛻變。一旦趨於成熟，便半壁江山已定。

做對智慧穿戴領域7件事，就能讓你像Fitbit一樣成功

筆者寫過一篇關於Fitbit的文章，〈智慧穿戴第一股Fitbit憑啥一年賺2億美金？〉裡面比較深入地分析了Fitbit成功的原因。而今天再次寫Fitbit，已經是在其上市並且股價獲得暴漲之後了。

可穿戴設備製造商Fitbit正式登陸美股市場，作為第一家在美上市的專業可穿戴設備技術公司，Fitbit的股價在上市首日便大漲48.4%至29.68美元。

不言而喻，Fitbit是成功的。那麼，我們的智慧穿戴產業如何才能走出「苦逼」融資，成為第二個「吸美金」的Fitbit呢？這便是值得我們今天探討的一個問題。

Fitbit之所以能夠成為可穿戴領域的「吸金」第一股，跟它站在智慧穿戴這一趨勢行業上，代表著一種未來價值體現不無關係。而作為成功的先行者，Fitbit在智慧領域前行過程中所經歷的7件事及其所做的抉擇，值得今天該領域的創業者參考與借鑑。

現狀 1 產業鏈技術不支援

整個智慧產業是在還沒有成熟的產業技術基礎支持的條件下，被谷歌突然之間從科幻電影中，或者更準確地說從實驗室裡帶到大家的面前，並由此引爆了智慧穿戴產業這個概念。但是因為缺少產業鏈技術

的支援，此時搞「萬金油」的產品顯然是不成熟也不理智的。

在目前的實際情況下，晶片、技術方案、演算法技術、感測器、續航、顯示等方面技術都在以「火箭」式的速度探索發展。而借用這些本身還處於快速演變中的技術進行產品的搭建，就像是直接將實驗室的產品搬到了市場商業化中。

這對於推動產業探索是非常有價值的，因為不同的創業者可以直接通過不同的產品在市場上的「秀」來獲取經驗。而這對於創業者自身來說，卻也是件壓力非常大的事情，基本可以說是「裡外不是人」。一方面是自己投入了大量的人力、物力、財力來搭建這個產品；另一方面則是搭建出來後消費者不僅可能不埋單，還可能會招來一片罵聲。

Fitbit策略：堅決地砍掉一切能砍掉的功能與技術，而非堆上一切能堆上的「玩物」，然後從當前有限的產業鏈技術中，通過「矮中取長」的策略，做出相對可靠的產品。

現狀2 消費者認知模糊

目前，關於什麼是智慧穿戴產品，大部分人是沒有清晰概念的。可以說目前業內的一些從業者也很難站在消費者的角度，剔除一切專業術語，講清楚自己的智慧穿戴產品到底是怎麼回事。至於目前的智慧眼鏡、手錶、手環等產品之所以受關注，從行銷傳播角度來看，跟其能夠讓消費者建立比較有很大的關係。

在眼鏡、手錶、手環等產品前面加上「智慧」，大家直觀的反應就是比現在所使用的「傳統」產品要先進一點，是一種科技化的產品。如若再複雜，作為創業企

業，通常很難承擔起一個新領域的消費者認知教育。

Fitbit 策略：用消費者能聽懂的話來定位自己的產品，簡單直接地告訴消費者「我是誰」！我是智慧手環，是運動手環。這同時也是一種行銷借勢，因為生命在於運動，這是地球人都知道的事情，而Fitbit就這樣簡單地告訴消費者，我的產品就是讓你運動更「科學」。

現狀 3 大數據價值難形成

智慧穿戴是物聯網時代最重要的資料入口，這已成共識。可以說智慧穿戴最大的貨幣價值點並不在於硬體產品本身，而在於所採集到的資料。但從目前的情況來看，一方面由於產品應用領域廣泛，從人體、環境、家居、工業到寵物等；另一方面是產品形象各異，從眼鏡、手錶、手環、鞋子、掛墜、衣服到其他一些領域的應用等，產品正處於一種分化演變的階段。而碎片化的產品，一方面由於缺乏資料的整合平臺；另一方面使用者對於產品的黏性偏低。這兩方面的原因就導致了目前大部分智慧穿戴創業企業的大數據難以有效形成，所採集到的資料基本可以定義為無效數據。

Fitbit 策略：將產品功能做到「最小」，通過「小」來提高產品的使用體驗。一方面可以在有限的產業鏈中整合比較優質的資源來打造硬體產品本身的使用體驗；另一方面聚焦之後可以修正出比較接近「真實」的演算法技術，得到相對精準的監測結果。只有這種「準確」的資料監測，才能給予使用者合理的建議，增加用戶的使用黏性。而Fitbit則借此獲得更大量的使用者資料，這些相對有效的資料則為其大數據價值想像提供了實質的保障。

現狀 4　可參照商業模式缺失

在智慧穿戴領域，目前雖然已經有一些機構尤其是以美國為主導的一些機構在探索商業模式，但對於中國國內的創業人員來說，在短時間內還難以具備參考價值。或許Fitbit是當前比較可靠、現實的一個參考物件。

Fitbit策略：一是通過產品本身賺錢。在有限的技術資源前提下聚焦細分市場、細分人群，做出相對可靠的產品，通過傳統的硬體產品銷售賺取相應的利潤，以維持公司更大的投入做出更好的產品來服務使用者。二是通過大數據賺錢。依託於可靠的產品，哪怕是一項監測專案，只要監測準確，在為使用者提供資料監測回饋結果的同時，就能獲得大量的「有效」使用者資料，通過對這些資料進行挖掘，可以為個人、機構提供更為深度的分析、建議報告，而這項服務當然是額外付費的專案。三是打造垂直化的娛樂社交圈，為下一步的價值增長點打下基礎。

現狀 5　價值難以支持價格

就如筆者曾經在〈微軟智慧手環脫銷帶來的商業啟示〉一文中所說的，「價格從來就不是事，如何將產品做到極致才是事」。當前之所以很多消費與不消費的人都認為部分智慧穿戴設備的價格偏高，其主要原因並不在於價格本身，而在於價格與價值之間的失衡。

以華強北為代表的智慧穿戴生產基地中，很大一部分智慧穿戴設備都存在兩方面不同程度的問題：一是產品技術方案基本雷同，功能與問題也雷同；二是產品都很強大，基本「無所不能」。如果說這些「無所不能」的產品，在技術、性能、體驗上都能做到且不說超越蘋果，至少不比蘋果差，那麼按照當前這種千元以上的定價

顯然是非常「便宜」的產品。但從現實的產品情況來看,更多的是停留在一種理想的行銷概念階段,這必然會給消費者帶來被「忽悠」的感覺。

Fitbit 策略:聚焦簡單、可控、可靠的功能,通過簡單的產品形態方式表現出來,給使用者帶來具有實際指導意義的這樣一款產品,這就是硬體本身之外一種無形的附加價值。可以說,用戶要的並不是便宜與低價,而是所提供的這種產品或服務的價值能否具備或超過貨幣價格的本身。

現狀6 技術人才缺失

筆者並不反對疊加一堆技術的強大產品,因為這是智慧穿戴產品的必然趨勢。但就目前的現實情況來看,谷歌引爆了智慧穿戴產業之後,不要說產業鏈技術還沒有形成,就連相關的技術人才都還不知道在哪裡。另外,谷歌自身又沒有去辦一所智慧穿戴產業的職業培訓學校來培養相關的技術人才。目前唯一的產業人才無非來自於兩方面:一是曾經歷智慧手機領域的技術人員;二是IT相關的技術人員。

這些人員儘管在其原來的產業中都有豐富的經驗,但面對智慧穿戴這一顛覆性的產業顯然是缺乏經驗的。正因如此,導致很大一部分技術人員在延續著IT與智慧手機的產業技術思維來搞智慧穿戴產業,搞出了很多迷你版的「PC」「手機」之類的產品,而不是真正意義上的智慧穿戴產品。

Fitbit 策略:在產業技術人才缺失的情況下,切入最「小」功能的產品,以最低的技術培養代價與最快的技術累積速度來培養屬於自己,並且是真正意義上的智慧穿戴產業技術與人才,是智慧穿戴產品可持續發展的保障。

現狀7 技術總是很骨感

任何一個產業出現初期,總是容易陷入「理想很豐滿,現實很骨感」的這樣一種技術處境中。可以說這在當前是一種比較明顯的局面,我們的很多產品

其宣傳功能大於實際應用價值，這不能簡單地定義為商業的「不誠信」行為。而是這些美好的構想，在創業者的實際實施過程中，很難通過技術手段有效地表達出來。

當前在確保「單項」技術做到極致都還存在著不小的困難，不論是從技術組合方面，還是產品可靠性方面，或者是演算法技術層面都還處於起步階段，此時如果過於分散資源，結果可能會陷入看著都像回事，用起來總不是回事的局面。

Fitbit 策略：集中資源在「單項」技術上進行突破，以最小成本的技術探索代價來做出相對可靠的產品，並藉此讓自身的產品技術在同類型產品中迅速地突圍。

對於智慧穿戴產業的從業者們來說，當前最重要的或許不是考慮怎麼樣「包裝」、怎麼樣行銷，也不是考慮產品的功能夠不夠強大，而是如何讓自己的產品功能做小。要想走出當前困惑的迷途，成為第二個有獨特資本價值的Fitbit，學習Fitbit 的七大策略不敢說絕對能讓你成功，至少可以保障不死，或者死在別人之後。

當可穿戴設備遇到數學，誰將拯救誰

　　數學專業在移動互聯網時代似乎是個被遺忘的專業，大數據的出現顯然讓其受到了熱情的關注。而在可穿戴設備時代，當數學遇到可穿戴，到底是誰在拯救誰？

　　顯然可穿戴設備的魅力不在於硬體的美感，而在於極簡、微型化，即不需要複雜的外觀，因為我們更需要的是對我們身體監測資料的準確度。在人工智慧還沒有徹底發揮力量的時候，演算法技術便成為了關鍵。儘管演算法技術的本身並不是單純的數學公式或模型，需要借助於使用者行為分析才能建立有效的演算法，但毫無疑問其基礎是數學。

　　當可穿戴設備站到風口的時候，不僅收穫了資本的青睞、媒體的關注以及奮不顧身獻身的創業者們，同時也收穫了糾結與吐槽。這其中或許是因為我們一直關注產業鏈的硬體、軟體，卻忽視了演算法技術。儘管我們非常努力地追求極致的感測器，力求採集資料的精準，卻一直無法扭轉資料呈現的準確度。

　　我們也一直在努力，尤其是在這個衣食住行都有問題的年代，希望通過可穿戴設備的監測資料給予使用者科學的建議與指導，但用戶似乎不太領情。造成這尷尬的局面顯然有多種因素，比如大眾對於可穿戴設備的理解與認知還未普及，或者說不知道可穿戴設備是個神馬東東[5]。當筆者寫了《智慧穿戴改變世界——下一輪商業浪潮》全球第一本關於可穿戴設備的書時，發現在書店呈現的地方千奇百怪，有的擺到了服飾類書中。而筆者寫了第二本《可穿戴設備：移動互聯網新浪潮》，試圖站在產業鏈、資本以及即將改變我們的生活、商業方式去闡述，結果有些書店給擺到了互聯網美學，或者電腦類別裡。這或許能讓我們看到，大部分人對於可穿戴設備的認知還並不清晰，需要更多的普及。

[5] 神馬東東：大陸網路用語，意指什麼東西、什麼意思。

　　當然，另一個因素就是可穿戴設備本身的價值。這其中一方面是對用戶的一些行為進行監測，更重要的方面則是給出用戶科學的指導建議。而指導建議的科學性、有效性是借助於監測資料，通過演算法技術得以實現的。這其中，演算法技術本身的有效性、科學性就決定了最終呈現給用戶的監測結果，以及指導建議的科學性、有效性。

　　因此在筆者看來，或許我們需要更加注重演算法技術，我們的創業團隊不僅要硬體、軟體、介面、策劃的精英，更要有演算法技術方面的數學專家，這能在很大程度上賦予、凸顯可穿戴設備的價值。

　　大洋彼岸一個名叫Diego Oppenheimer的人發現了演算法對於當前智慧硬體價值的制約，於是就創辦了一家名叫ALGorithmia的網站，以「相親」的方式為企業提供解決演算法的服務。ALGorithmia的想法是為那些擁有，或者能產生海量資料，並希望借助於這些資料的挖掘，為使用者或企業自身獲得更多價值的企業，提供一個演算法「相親」平臺。

　　這可以使演算法的研究人員更加專注於研究演算法技術，而後通過該平臺發布。當有相應需求的企業為了獲得該演算法技術時，就可以通過該平臺牽線搭橋，從而促成合作。同時，企業也可以根據自己的需求，通過該平臺發布希望通過演算法技術解決的問題以及希望實現的目的。這方面的專業演算法研究人員在獲取企業的這一需求後，就可以為企業提供演算法技術方案與支援，幫助企業實現既定開發目標。

　　這在筆者看來不失為當前解決演算法技術問題的一個可行辦法，顯然也是一個很好的創業專案。站在可穿戴產業的風口，研究數學的專家們，或許借助於演算法技術平臺可以登陸資本市場。不論是可穿戴設備拯救了數學，抑或是數學拯救了可穿戴設備，總之借助於可穿戴產業的風口，下一個登陸資本市場的或許就是演算法技術。

可穿戴設備何時能幹掉手機

手機毫無疑問是當前的應用熱點，或者說是移動互聯網時期能承載各種應用的載體。可穿戴設備也不例外，當前的一些APP應用已借助手機實現了。

或許因此，有人認為可穿戴設備只能充當手機的附屬產品。這個觀點不能說對，也不能說不對，只能說是一個階段的相對性觀點。今天來看，由於可穿戴設備產業鏈環節中的一些目標技術還未商業化，特別是虛擬實境技術還未完全成熟，因此借助了手機或PC的這塊螢幕進行顯示。

隨著虛擬實境技術的成熟，未來的可穿戴設備將在任意空間顯示，也可以借助於手臂進行顯示，即我們可以在任意空間隨時隨地進行操作。當然融合視覺技術的虛擬實境在內容顯示上更具有私密性，只針對於特定人與特定視角進行顯示，不像現在的手機螢幕或PC螢幕，周圍的任意人都可以偷窺。

而這一技術一旦被應用，將是手機進入博物館的日子。筆者不能準確地給出可穿戴設備取代手機成為世界中心的確切時間，但這一天終將到來。因此，手機相對於可穿戴設備而言，只是在目前產業鏈技術還未發展到頂峰的一塊塊螢幕而已。

當然，筆者之所以會研究可穿戴設備產業，正是因為這個產業的未來無限美好與發展空間。取代手機只是可穿戴設備產業所帶來的一種改變而已，但這種改變足以給我們的生活帶來巨大改變。比如未來的智慧家居，遙控對於可穿戴設備而言就是原始社

會的工具。我們通過可穿戴設備對人體生命體態特徵的監測，就能實現對周圍設備最佳的環境控制。當然我們也可以通過語音告訴可穿戴設備我們的要求，這個小小的可穿戴設備就能幫我們實現大大的夢想。

當手機被可穿戴設備取代之後，大數據的作用與商業化價值將會放大，同時帶動人工智慧與雲端運算的發展，當然還有生物識別技術。儘管今天我們已基於手機進行一些所謂的金融支付，比如使用手機錢包等移動互聯網的金融支付工具，但對於可穿戴設備而言都只是個過渡產品。

不論手機與人走得有多近，哪怕是夜裡都抱著睡覺，我們也難以解決與人體綁定識別這一環節。從互聯網的用戶黏性演變來看，基於手機的移動互聯網縮短了PC互聯網時期按小時計算的用戶黏性，讓用戶黏性縮短至按分鐘計算。而基於可穿戴設備的移動互聯網將進一步縮短這種用戶黏性的時間，並取代手機按分鐘計算的黏性時代，進入更為深度的秒時代。同時，不僅僅是綁定，更是隨時隨地地監測，而不是監控。這種將我們生命體態特徵資料化的可穿戴設備與手機這兩者屬於完全不同的產品，不具備可比性。

尤其是可穿戴設備在融入生物識別技術之後，我們可以根據使用者的心率、血液流速、指紋、脈搏等建立設備與使用者之間的唯一識別性，這對於移動支付而言顯得尤其重要。我們不必擔心可穿戴設備被盜或者是丟失，我們也不必擔心密碼被破解，因為每一只可穿戴設備都將根據使用者的生命體態特徵建立唯一的識別方式。

在不久的將來，可穿戴設備幹掉的不僅僅是手機，還有我們的銀行卡、公交卡、門鎖鑰匙、汽車鑰匙、身份證等與身份識別有關的物品。同時也會給整個商業與人們的生活帶來超乎意外的改變，可穿戴設備將真正帶我們進入智慧時代，感受萬物相連的智慧生活。

可穿戴設備給投資者挖坑了嗎

從2013年一些創業投資（VC）大舉進入可穿戴設備產業以來，似乎整個產業並沒有給投資者帶來如期的爆發驚喜，其中部分專案更是由於資金壓力而採取了第二輪融資。其實在筆者看來，可穿戴設備產業今天的局面是科技產業發展過程的正常現象，無須過度擔心。2012年4月份谷歌眼鏡發布，將可穿戴產業帶入了大眾的視野。2013年可穿戴產業在移動互聯網的趨勢下站到了風口上，資本、人才、媒體、創業者們紛紛湧入。進入2015年，各種應用產品相繼推出，有成功也有失敗，其中一部分可穿戴設備較2014年的出貨量增長了500%甚至更高。

對於一個新興的科技明星，在整個產業鏈都還未健全，商業模式都尚不清晰，大眾都還沒有清晰認知的情況下，可穿戴設備產業就已經步入了商業化探索的道路上。在股票市場上也同樣，可穿戴設備產業鏈相關的上市公司市盈率更是高達50～100倍。而這些資本在可穿戴設備產業鏈上的聚集，加速了產業鏈的完善，為可穿戴終端應用產品的普及提供了保障。

目前我們已經看到，晶片、感測器、電池、螢幕的廠商都由過去概念性的關注轉變為實際行動，比如一些感測器廠商、晶片廠商都為可穿戴設備推出了專用的方案或產品。從目前的情況來看，資本市場大致分為兩條路線在挺進可穿戴設備產業。一條是公眾資本市場路線，主要在股票市場上，通過公開的資本交易市場支援著可穿戴設備產業鏈相關企業的研發與創新，側重於產業鏈環節；另外一條是VC創投路線，主要是通過對一些投身於可穿戴終端產品探索的團隊進行支援，側重於終端應用產品。

從目前實際的市場表現情況來看，使用者應用普及率並沒有達到投資人的預期，因此一些投資者或投資機構出現了觀望的態勢。同時一些媒體或業內外

的人士也對可穿戴設備的資本活躍與市場活躍之間所出現的節拍走調現象提出了各種各樣的質疑。

但在筆者看來，目前可穿戴設備產業並沒有出現太大的問題。相較於手機產業而言，可穿戴設備的成長潛力越發明顯。其中很關鍵的一個核心就是當萬物智慧化、資料化之後，可穿戴設備是唯一能連接人與物之間的智慧鑰匙。也只有這把鑰匙能開啟移動互聯網時代的新商業模式，以及人的新生活方式。

儘管目前市場的表現情況與資本活躍度之間出現了音率不齊，但相較於其他新興產業的培育而言，可穿戴設備產業是屬於發育比較健康的產業。至少從2012年4月份可穿戴設備被谷歌眼鏡帶入大眾視野之前，整個科技領域的產業鏈商業化都是圍繞著手機以及智慧家居在發展。可穿戴設備「這個孩子」從出生的那天起就沒有母乳，甚至連奶粉都沒有準備好，整個產業鏈缺失。沒有辦法，只能從現有的產業鏈中東拼西湊。而具有頑強生命力的可穿戴設備在移動互聯網的浪潮中，只用了短短兩年的時間就實現了商業化。

雖然今天在商業化過程中還存在各種各樣的問題，但隨著產業鏈的成熟以及從業人員的理性回歸，商業化的道路將會越來越好。今天，已經不斷有廠家為可穿戴設備推出專屬的應用，比如晶片、感測器等。隨著可穿戴設備的進一步延伸、細分，產業鏈也將會更細分更聚焦更有針對性。比如很快將會出現針對於智慧手錶的專屬晶片，針對於智慧眼鏡的專屬晶片，針對於智慧鞋子的專屬晶片等。

當可穿戴設備不斷細

分、不斷延伸的時候，必然會帶動市場需求的不斷增加。對於投資者而言，筆者認為大可不必為可穿戴設備的前景擔心。或許您所投的專案在今天看來並未帶來如期的回報，這可能是在風口上站偏了位置，只要調整下必然會飛起來。因此，根本就不存在給投資人挖坑一說，或許我們在可穿戴設備產業商業化的道路上會踩到石頭、踢到石頭，這是產業發展過程中的正常現象。

　　同樣對於正在觀望的VC而言，在選擇專案與團隊時，不可或缺的是關注產品的商業化路徑。而對於可穿戴設備的商業化建議，筆者曾在書中以及一些文章中都有提及，這裡不再討論。可穿戴設備就如同一輛正在飛馳的磁浮列車，只要產品能站到可穿戴設備商業化的這趟磁浮上，成果將很可期待。

產業層面談技術

可穿戴設備產業「缺芯」有點痛

晶片如同人體的大腦。尤其對於可穿戴設備而言，晶片不僅決定著設備的運行，還決定著產業的國際分工角色。儘管目前可穿戴設備產業在大陸風生水起，整個終端產品的製造環節更是占到了全球80%以上的份

額，但就產業鏈上游的晶片來説，我們表坭得有點無奈，尤其是面對高端晶片時。就拿目前最為爆紅的智慧手錶與智慧手環類產品來説，晶片也面臨著比較尷尬的局面。目前，主控晶片主要有AP和MCU兩種，手環所採用的是MCU，手錶則根據功能複雜度選用MCU或AP；尚未見到專門為可穿戴設備定制的主控晶片，而只是基於原有平臺做優化設計。隨著物聯網被重視，可穿戴設備將被更多人理解，整個產業也會得到更大程度的重視。那麼，隨之而來的晶片問題將成為整個行業企業不得不面對的核心問題。

產業「缺芯」有點痛

當然這種情況的出現是一個產業發展的正常現象，一方面是新興產業的崛

起，用戶從認知到接受需要一個時間過程；另一方面當然是產業化產品本身需要一個不斷完善的過程，而這一過程中產業鏈的各個環節都需要一定的時間完善、優化。

目前，從可穿戴設備來看，隨著產品的不斷微型化，其對低功耗的設計需求提出了更高的要求。但現實情況是從晶片的設計、產品方案、演算法到應用服務的整條產業鏈都尚未完善，整個產業鏈還處於待進化的階段。

常規的可穿戴設備產品通常由螢幕、晶片、無線通訊、感測器這些關鍵元件組成。大部分初創公司為了在這一浪潮中能獲取「利益」，通常選擇供應鏈整合、組裝的方式。

普遍的方式是找一個方案設計方提供產品技術方案，然後選購晶片、感測器、顯示幕、無線通訊等模組，再找設計公司對外觀進行設計、開發，接著自訂設計一款APP，租用協力廠商伺服器，拼拼湊湊就完成了一款產品。更簡單的做法則是直接找現成的OEM廠家，換上自己的商標就出來了一款可穿戴設備。這種整合的產品開發方式，形成的結果就是今天大家所認為的：產品同質化，而且缺少「痛點」技術。

而作為核心要件的可穿戴設備晶片，更是面臨著缺失狀態，致使很多廠家為了快速進入市場而採用手機晶片。結果就是以犧牲產品的美感與性能為代價，搞出了很多迷你版的類手機產品。因為可穿戴設備相比於手機體積更小，而當前的電池技術又難以支援手機晶片的功耗。

雖然由可穿戴設備趨勢所帶來的產業爆紅引起了諸多晶片廠家的重視，一些國際晶片巨頭紛紛推出了專屬的可穿戴晶片，對於緩減、改善可穿戴設備的性能起到推動作用，但還不能徹底改善與滿足可穿戴設備個性化的需求。這其中，一方面是由於晶片廠商缺乏可穿戴設備的行業經驗與使用經驗；另一方面是可穿戴設備的應用領域廣泛，產品與理念的創新速度超過了晶片的發展速度。

造「芯」行動蘊藏價值潛力

隨著可穿戴設備的不斷延伸、應用，市場經驗的累積將有效推動晶片的發展；同時，諸多國際巨頭的進入以及國際晶片巨頭的重視，可穿戴設備的「缺芯」問題將會逐步得到解決。而要想更快地解決目前可穿戴設備的缺芯之痛，一方面需要各晶片廠商的努力，另一方面則還需要給予一些時間。

在筆者看來，未來的可穿戴設備晶片將會更加小型化、集成化，並且會是基於晶片平臺進行定制、個性的融合，開源也將會是未來晶片的主流。

從整個產業的國際分工層面來看，基於可穿戴設備產業的晶片是物聯網時代一次新的產業分工機會，這其中蘊藏著巨大的價值潛力，也是國內企業抓住下一輪商業浪潮，並建立核心技術的一次商業機會。儘管目前專屬可穿戴設備的晶片並不完善，但不少企業已經在探索、開發、優化各自的晶片平臺，以打造屬於可穿戴設備的專屬晶片。

要想解決可穿戴設備產業缺「芯」有點痛這個問題，需要更多的企業、資本來協助推動。對於行業企業來說，與其在當前的終端產品同質化上鬥得你死我活，還不如聚焦產業的核心技術環節進行攻克，而晶片才是真正決定可穿戴設備產業的核心價值。

智慧穿戴行業標準缺失，
先入專業檢測機構者為王

央視《第一時間》關於兒童定位手錶輻射超手機千倍的報導猶如一顆炸彈，在可穿戴設備產業乃至整個智慧穿戴產業的水面上激起了千層浪。前段時間，筆者的一篇〈被央視曝光的兒童智慧手錶路在何方〉，可謂拋磚引玉，吸引了諸行業內外人士就報導及產業發展進行了激烈的討論。其中，不乏吐槽央視調查報導專業性的，但更多的還是從行業標準、產品規範等方面進行了思考與探討。

行業標準缺失是「危」更是「機」

不可否認，央視對硬體產品報導的專業性稱不上完美，而且從調查本身的樣本量來說也存在著一些不足。但是就如網友「camellu」所言，即便只是一個片面，那也敲響了人們對智慧穿戴產品品質把關的警鐘；即便不能嚴謹地推論出兒童定位手錶與手機之間的輻射比例確值，但作為一個引子，其所反映的問題仍存在客觀普遍性。就如網友「平常心」所言，鑒於信號在發射連接基地台時的輻射是最大的，所以智慧手錶在撥打和接通電話的瞬間，輻射峰值都是非常大的；不過在通話期間，峰值相對會穩定一些。而且，智慧手錶由於受到區域面積的限制，廠商在提高通話品質時，很可能會把天線或是發射頻率做得更大一些。可以說這也是一些創業者掣肘於當前技術條件的客觀無奈之舉。

當前，人們對於自己所消費的東西越來越「講究」，即使通過輻射檢測並獲得入網許可證的手機，選用時尚且小心翼翼。那麼，如此高輻射且本不宜讓人長期佩戴，更不能讓小孩子使用的智慧手錶，又是如何堂而皇之地出現在兒童產品領域的呢？一方面是利益的驅動，另一方面則是「行業標準缺失，以及

由此帶來的檢驗檢測機構的缺位」。

少了把關的條件，再加上技術尚不成熟、市場缺乏規範、競爭失序，可穿戴產業的發展可以說是「十面埋伏、危機重重」。但是，這也並不是一件讓人絕望的事情。正所謂「危機」，無危何來機！關於「危」，筆者在〈被央視曝光的兒童智慧手錶路在何方〉一文中已經做了較多的闡述。今天，主要和大家來探討探討「機」；尤其是面對「大眾創業，萬眾創新」的社會大環境，或許這對於我們的行業初涉者、創新創業者來說，不失為一個有價值的機會。

參與標準制定，引領行業發展的機會

對於高輻射產品堂而皇之登陸大眾消費市場，不少網友認為，在很大程度上是因為行業標準的缺失。其實早在半年前，已經由相關機構思考標準砝碼的事情，包括工信部在內的一些主管單位也跟筆者做了比較深入的探討。其中在北京一個非官方機構所組織的一次產業年會上，已經發布了一個可穿戴設備行業標準體系。其被寄予規範混亂的行業秩序，供產業鏈參考、促進行業發展的期望。但是，在現實的操作過程中卻更多地虛有其表。與此同時，從產業層面來看，相關可穿戴產業的創業參與者「我行我素」，資料資訊使用不規範、隱私保護匱乏、職業道德底線下拉等問題致使行業無法朝良性方向發展。

面對有影響力的行業標準空缺這一客觀現實，如果我們還是停留在「產業發展不成熟，致使無法有穩定的標準體系出來」這種「先有雞還是先有蛋」的理解層面，那顯然不利於產業更健康、有序地發展。在這方面，筆者還是挺推崇賈伯斯不迷信市場調研的思維邏輯。當然，賈伯斯不迷信市場調研，並非他主觀、不尊重消費者的認知與喜好；相反，恰恰是因為他著眼於消費者的深層次需求，所以才能做到直抵消費者心底的產品，用今天時髦的詞來形容就是「爆品」「痛點」，從而做到讓大家的真實需求在該產品的使用過程中得到釋放。同樣，行業標準的制定也是一樣，行業發展不成熟成為不了標準缺失的主

觀理由；相反，正因為行業不成熟，我們才更需要一份有前瞻性、有責任心的相關指導意見來引領並督促大家在智慧穿戴這條道路上走得更加規範與成熟。

在此，筆者鼓勵智慧穿戴產業的參與者、有相關知識和技術背景的專業人士，都來自發自覺地為產業的相關指導意見，或是行業標準的制定出謀劃策。我們可以採取循序漸進的方式，對於相關的管理部門來說，可以選擇從一些關鍵的技術點切入形成相關的指導意見。當然，這種指導意見具有一定的「強制性」。參與標準的制定、討論並不是少數幾家大企業的特權與義務，而是每個可穿戴設備產業從業人員應盡的義務與職責。凡以主人翁心態致力於智慧穿戴產業的每一個人，所站的視角和高度都將決定行業發展的前景與速度，也將決定自身在行業領域的話語和影響力度。

專業檢測機構存在深度市場機會

沒有標準支撐的可穿戴設備，如何證明自己的「智慧」與「可穿戴」呢？顯然，目前的「王婆賣瓜」已經很不可靠。尤其是可穿戴設備那些自詡的功能得不到相應標準，或是檢測機構的佐證，還在市場檢驗中屢屢敗下陣來，最後連最基本的安全問題也成了不安全的黑手。

在這個時候，人們對於一個專業、職業而富有公信力的檢測機構的需求

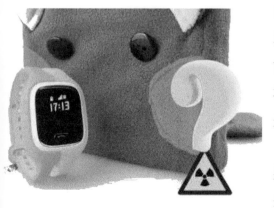

呼之欲出，甚至比留於紙面的行業標準更讓人期待。那麼，對於「大眾創業、萬眾創新」來說，這個檢測機構又存在著怎樣的市場空間與機會呢？我們先來看看目前中國可穿戴設備都是如何檢測的。

首先，比較關注智慧穿戴相關公眾號或經常逛科技類媒體、論壇的朋友可能都看過不少可穿戴設備的「草根」檢測法，即純人工檢

測。以功能為監測運動情況的智慧手環為例，就是找個人戴著這個產品經過大量的相關運動或類似運動的動作，看看結果呈現的資料情況。對於這樣的檢測，在樣本的選擇上可以說是做到了隨機性，但樣本量顯然是不夠的，甚至還存在著結果隨試戴者的不同而不同的情況。

其次，套用手機等相關設備的檢測方式。這對於缺少樣本量的純人工檢測來說，是一種升級。但局限性也是非常明顯的，那便是對於特定功能檢測的缺失。就拿手機來說，主要側重於環境適應性檢測、部件的壽命檢測，以及信號、輻射等方面情況的檢測。但是具有特定功能的可穿戴設備的檢測，顯然不僅僅局限於這些方面。比如心率監測、睡眠監測等方面的功能，在手機檢測的模式下顯然無法得到有效的實現；而這些功能又是該可穿戴設備到底有沒有用、好不好真正的考量依據。

面對可穿戴設備的升級與發展，對專業的產品檢測機構的需求也就顯得越發迫切。因為消費者對產品品質的要求，將倒推企業的產品被檢測需求。那麼對於創業者來說，要如何切入，機會點又有多大呢？筆者認為，一方面可以在著力於硬體檢測的基礎上，對產品進行全方位的功能檢測；另一方面則可以通過相關的機器設備引進，從專業功能檢測入手，對具體的功能實現深度的專業化檢測，由此還可以推進該功能領域的相關標準和系統的規範。而無論哪種模式，目前的市場空間和前景都是非常可觀的。因為對於可穿戴設備產業來說，目前尚屬於探索階段，接下來伴隨著大數據和生態圈的逐漸成長，將帶動可穿戴市場的全面啟動；再經過三、五年的成長之後，包括可穿戴設備在內的整個智慧穿戴市場將在2019～2021年迎來高速發展期，此後市場可能趨於穩定。

正所謂「亂世出英雄」。那麼，在可穿戴設備產業的紅利期到來之前，若能先行切入專業檢測領域，或許便可以打開「先入者為王」的成功局面。

物聯網的關鍵載體是智慧穿戴設備

從1969年美國出現互聯網至今已經40多年了，按人的發展階段來說正處於不惑和知天命的年齡段。整個產業技術路徑非常清晰，由之前的PC互聯網發展到了今天正爆紅的移動互聯網，並正在準備跨入物聯網的時代，而導致這種產業演變趨勢的正是我們所熟悉的摩爾定律。

摩爾定律由英特爾（Intel）創始人之一戈登·摩爾（Gordon Moore）在1965年提出，當時還沒有互聯網這個概念，只有「大笨熊」電腦存在。他提出的這個理論大致內容是在價格不變的情況下，積體電路上可容納的元件的數目，每隔18～24個月便會增加一倍，性能也將提升一倍。也就是說，如果在相同性能的情況下，電子產品的價格每兩年就會降一半，或者理解為相同貨幣所能買到的電腦性能每隔兩年就會翻一倍以上。

這條定律揭示的本質，一方面告訴了我們關於電子產品的價格與性能問題，另一方面告訴了我們資訊科技時代的技術進步，將以超過我們想像的速度在進化。不過從2010年國際半導體技術發展路線圖的更新情況來看，到2013年年底傳統基於PC的半導體技術革新速度已經放緩，目前電晶體數量密度預計只會每三年翻一番。這就意味著不論是基於PC還是手機，技術革新的速度都將會放緩。

從PC到智慧手機是1到N

從PC到智慧手機，整個產業技術路徑的發展非常清晰。也就是零部件性能越來越強大，體積越來越小型化，價格越來越便宜。正如上面的資料顯示，目前全球PC產業正處於下滑階段。蘋果公司除外，包括聯想在內的企業在PC的出貨量上都有了明顯的下滑。這其中不可忽視的一個因素就是在摩爾定律的推動

下，當前的智慧手機已經越來越像PC，並且取代了大部分PC的功能。

但不論是基於PC的傳統互聯網時代，或是基於智慧手機的移動互聯網時代，其實兩者在本質上並沒什麼區別，都是基於前端的硬體承載著運算與資料的處理能力，唯一的區別在於一根網線。PC互聯網時代受制於有形網線，必然導致用戶不太可能整天抱著桌上型電腦刷屏⑥，一來體型不夠輕巧，二來拖著根網線不太可能。哪怕是進入「超極本」的今天，用戶也不太可能整天抱著筆記型電腦隨時隨地地刷屏或者是處理資訊。

顯然，智慧手機是延續著迷你版PC思維的路徑在演變。不論PC或是智慧手機，其核心理念都是「網線」時代的產物。不同的是PC時代由於通訊技術的限制，傳輸以有形的有線形式存在，而隨著通訊技術的發展，到了智慧手機時代，這根有形的網線被無線通訊技術所替代，使用者拿著手機不需要在後面拖著有形的網線這根尾巴。實質上，從PC到智慧手機，在產品技術上只是1到N的演變。

因此可以說，移動互聯網時代最偉大的貢獻就是把這根網線給無形化了。加之零部件越來越微型化，就促使了智慧手機的出現，並依託於智慧手機衍生出了各種各樣的應用。在PC互聯網時代用戶黏性是按小時進行計算，但到了移動互聯網時代用戶黏性就縮短為按分鐘計算，並且是隨時隨地，不論是坐地鐵還是上廁所。這種用戶黏性的進一步縮短，必然會延伸與發展出更多的商業機會。

物聯網是從0到1的跨越

之所以定義PC互聯網時代與移動互聯網時代為從1到N，其中一個關鍵要素就是其載體，也就是PC與智慧手機在本質上並沒有發生變化，運算中心都是基於硬體前端，只是設備小型化、性能強大化。但物聯網時代不一樣，與PC互聯

⑥ 刷屏：又叫洗版或叫洗板，也叫洗屏。意指用戶短時間內發送大量資訊。

網或是移動互聯網時代相比有個革命性的變化，那就是計算能力由前端向後端轉移。前端硬體不再承載資料的運算與處理工作，而只承擔採集、呈現、交互的工作，一切的運算向後端的雲端運算平臺轉移，這是一個從0到1的跨越。

物聯網時代，萬物資料化，不論是環境、家庭、城市、社區、汽車、家電，還是人類自身，一切都將穿戴上感測器，一切都將資料化。而這些智慧穿戴設備本身並不需要具備資料的處理能力，它們只承擔著資料獲取並扮演著控制中心的角色。麥肯錫全球機構(McKinsey Global Institute) 的最新報告預測，全球物聯網(IoT) 市場規模可望在2025年以前達到11兆美元。這不僅僅是一個產業規模龐大的問題，對應的更是一個「超級資料時代」。

由於萬物資料化之後，按照麥肯錫的預測，在未來的很長一段時間內，人類社會的資料每年將呈幾何倍數級增長。這意味著憑藉我們人類自身的生理能力已經無法應對與處理這些資料，只能依託於後端雲端運算與人工智慧的協助。而我們只需要告訴物聯網時代的終端載體，也就是智慧穿戴設備關於我們的目的或者是我們的需求，後端的雲端運算平臺就會借助於人工智慧的資料處理，為我們呈現相應的結果。在這個過程中，不論是對話模式，或是呈現方式都不再依賴於我們當前的這種介面操作。因為在物聯網的時代，我們根本無法應對與處理海量的資訊，也無法再依賴於當前的軟體或APP介面操作，APP只是從移動互聯網向物聯網轉移過程中的一個過渡載體。

物聯網的載體是智慧穿戴

當前，由於一些人並沒有真正理解物聯網時代與智慧穿戴設備兩者之間的關係，因此認為智慧穿戴產業的價值並不大，這顯然是一種認識誤區。如果説傳統互聯網的載體是PC，移動互聯網的關鍵載體是智慧手機，那麼物聯網的核心載體就是智慧穿戴設備。只是智慧穿戴產業在當前的產業發展道路上表現出了一些困境。今天很多人在以迷你手機、PC的思路搭建智慧穿戴產業，遵循

著從PC互聯網向移動互聯網演變的思維路徑來理解物聯網、來理解智慧穿戴產業。

就物聯網本身而言是一個系統工程，借助於智慧穿戴、通訊技術、雲端服務平臺、人工智慧、交互控制等技術，將物與物、人與物、人與人整合到一起，建構一個數位化、遠端化、資訊化、智慧化的網路體系。從1991年美國麻省理工學院（MIT）的Kevin Ash-ton 教授首次提出物聯網的概念至今，物聯網的概念不斷被提起也不斷受關注，但更多的是處於理論探索階段，並沒有像互聯網或者移動互聯網一樣走入大眾的生活領域，並成為社會趨勢。

其中最關鍵的原因是缺失終端的應用載體，也就是智慧穿戴設備這一物聯網的終端載體。近兩年，隨著智慧穿戴產業的出現，以及在商業化取得了一些實質性探索，大眾的關注度開始真正從當前的互聯網或者是移動互聯網向物聯網轉移。隨著智慧穿戴產業的不斷完善、修正，當萬物都被穿戴上智慧穿戴設備之後，人類將進入一個全新的萬物互聯的物聯網時代。可以説，智慧穿戴產業的發展直接決定著物聯網的命運與前途。

智慧穿戴陷入迷途的五大關鍵因素

正如PC承載著互聯網時代、智慧手機承載著移動互聯網時代一樣，智慧穿戴設備將承載著更偉大的物聯網時代。但從當前的產業發展情況來看，各種因素導致智慧穿戴產業在發展過程中陷入了「迷途」，主要有以下五個方面的原因。

一是產業鏈的限制因素。由於智慧穿戴產業技術的相關產業鏈技術不支援，只能在當前的PC、智慧手機中尋找，至今產業鏈技術仍未搭建完成，其中包括晶片、感測器、交互、雲端平臺、通訊等。

二是產業技術人才的缺失。當前除了類似Fitbit、蘋果、微軟、谷歌之類的企業，借助於在智慧穿戴產業上的探索培育專門的技術人才之外，其餘很大一

部分智慧穿戴企業的技術人員都來自於智慧手機產業或PC產業。這部分產業技術人員由於受經驗思維的影響，就帶領著智慧穿戴設備朝著迷你手機、PC的道路奔跑。

三是產業理念模糊。儘管智慧穿戴產業由谷歌憑藉著谷歌眼鏡產品引爆，但不論是谷歌還是蘋果，在發布智慧穿戴產品的時候，都沒有清晰地傳遞出智慧穿戴產業的理念，以及產業技術路徑的方向，導致一些從業者們只能憑藉著自身的智慧照樣畫葫蘆。

四是產業概念不清晰。當前不論是業內或是業外，對於智慧穿戴產業的理解與探討通常都局限在人體可穿戴設備層面。其實可穿戴設備只是智慧穿戴產業中圍繞人體「智慧」化的部分，在物聯網的體系中除人體之外，還有諸如環境、工業、植物、動物、家居、汽車等「物」方面的智慧穿戴產業。

五是缺乏意見領袖。儘管當前對於智慧穿戴產業的探討可謂新聞天天有，但大部分從業者們都只是從自身的產品，或者自身對於某項產品的角度出發來探討智慧穿戴產業，這顯然有一定的局限性。在智慧穿戴產業領域，目前最缺的一方面是具有產業系統思維的意見領袖，另一方面是能夠對智慧穿戴產業及產業鏈搭建提供正確方向、能有效引導產業方向的意見領袖。

不過隨著物聯網大潮的來襲，以及媒體、資本、人才的不斷湧入，智慧穿戴產業將很快取得突破。只要我們正確地理解智慧穿戴產業是物聯網時代關鍵載體的這一價值，承擔著萬物資料化的工作，也就是對「萬物」進行資料化採集、監測、呈現、交互、控制。它本身並不需要承擔運算工作，資料處理則借助於無線通訊技術，轉向由後端的雲端服務平臺承擔並處理。從這個角度來思考，對於當前的物聯網或是智慧穿戴產業的從業者們來說，就能在很大程度上理順產業的發展路徑與產業的搭建思路，從而真正開啟物聯網時代的大門。

-4 產業細分市場

軍事可穿戴產業將是下一座「金礦」

「可穿戴設備發展的機遇到底在哪裡？」近幾年來，關於可穿戴設備的發展問題，一直是科技界乃至整個人類社會發展共同關注的焦點。經過多年發展之後的可穿戴設備產業，至今尚未形成成熟、完整的產業鏈結構，甚至連產業鏈技術的方向也還沒有真正理清楚。以致面對當前智慧手錶、智慧手環等可穿戴產品所呈現的發展瓶頸，不少人開始懷疑，甚至抱以「不容樂觀」的態度。

但筆者還是不禁要問：可穿戴產業的市場，你真的看準了嗎？

日前，美國國防部給可穿戴產業注入的一劑強心針或許能給我們帶來些指向作用。據英國路透社的報導，美國國防部長阿什頓·卡特[7]批准了一項7500萬

⑦ 川普政府的國防部長為吉姆·馬蒂斯。

85

美元（約合人民幣4.8億元）的撥款，用於開發一款可穿戴設備。這筆費用分別給了相關的科技巨頭，包括哈佛大學、波音公司、蘋果等。其中，哈佛大學作為全球公認的頂尖學校，擁有一批有實力的科學家；波音公司的加入，看似與可穿戴設備並無關係，但其在工業互聯網以及航空工業領域的獨特優勢不容小覷；蘋果公司則是當前全球最具實力的智慧終端機硬體產品的引領者。

　　此次五角大樓的鉅資投入，並借助於頂尖科學家以及相關產業巨頭的加入，將會加速引領可穿戴產業的發展，甚至還將引發世界大國之間新一輪依託於可穿戴設備的軍事競賽。過去各國之間的軍事競爭主要圍繞著大型、重型武器展開，可以理解為武器方面的較量，當然也是決定一個國家軍事力量的關鍵。而此次美國投入鉅資在可穿戴設備上，核心所體現的則是如何借助於現在的科技力量來拓展士兵的戰爭能力。比如對於野外作戰的士兵們來說，借助於可穿戴設備這一前沿的科技工具必將大幅提高作戰能力。這不僅讓我們看到了可穿戴設備在未來軍事領域的重要價值，還告訴了相關的從業者，軍事可穿戴或許是個非常不錯的「金礦」市場。尤其對於中國大陸國內的可穿戴設備廠商而言，這無疑也將是一次新的機遇。

　　通過對智慧服裝的研發並導入軍事領域，或將比智慧手錶取得更加良好的效果。借助於智慧紡織將相關的傳感器、蓄電、二極體等融入服飾中，可以實現定位、通訊、變色、環境監測以及士兵生命體態特徵的監測等。比如天津化學品的爆炸事件，如果士兵穿上了這種帶有監測功能的智慧服裝，在進入危險

區的時候就能監測到環境的威脅指數資訊，並對士兵做出相應的提示資訊，從而在一定程度上保障士兵的安全。

對於智慧眼鏡來說也是如此。相較於當前在民用領域的探索，智慧眼鏡在軍事領域的應用將更為快速。尤其對野外作戰的士兵來說，智慧眼鏡不僅可以識別環境，還可以成為資訊收集、導視、通訊等的中心。

同樣，智慧鞋子對於士兵而言也非常重要。比如Lemur Studio設計公司提出了一個創新的概念，他們把線圈放置於鞋底，產生電磁場，並偵測周遭其他大型金屬所產生的電磁場，一旦有地雷出現在偵測範圍內，鞋子就會產生信號並傳到手環或者是其他的資訊載體上，告訴使用者小心或改變行進方向。

給創業者的一點建議：有志於在可穿戴領域創業的朋友，與其在以智慧手錶、手環為載體的運動監測類市場中拚殺，倒不如選擇進入載體設備更廣泛，但技術要求相對更高的軍事領域進行探索。這個領域不僅具有較高的商業價值，而且還能為國家的軍事建設做出巨大貢獻。目前，在這個領域的基礎技術建設方面，香港理工大學的團隊已經在智慧紡織方面做了大量的探索，其關鍵的核心技術僅次於谷歌。這對於有意投身於軍事可穿戴設備建設，尤其是以服裝、鞋子為切入點的創業者們來說，將是個不錯的連接點。

方寸間的億萬金礦——當廣告遇上可穿戴設備

廣告，只要有商業的地方，它便如影隨形，像空氣一樣彌漫在你生活的角角落落裡，無論你愛或者不愛，它都會換著法子出現在你面前。而即便你明知這是廣告，有浮誇的成分在裡面，你的消費方向還是會被影響，甚至左右，所以誰也阻擋不了廣告主們不遺餘力地尋找更佳的廣告展現載體。

那麼在可穿戴設備時代，你或許會覺得可穿戴設備介面太小而被廣告主們忽視了。NO，事實是他們的鷹眼早已盯上這方寸之地。廣告講求一個詞：精準，而廣告主之所以看上可穿戴設備，恰恰是這些設備仿佛一個FBI情報員一

樣，無時無刻不在向廣告公司回饋目標用戶的一舉一動，能讓他們根據這些資訊制定更具個性化的即時廣告，並且實現前所未有的精準投放。

可穿戴廣告引擎

印度一家名為Tecsol Software的公司針對可穿戴設備推出了廣告引擎服務。他們以酷帥的Moto360為示範模特，模擬了多個場景，比如說你在街頭行

走時，螢幕上會立馬顯示附近咖啡店的資訊，或者在用戶赴約前彈出天氣預報。

Tecsol已經為廣告引擎開發了一個雲端化的基本MVC框架模型，可以讓廣告客戶上傳靜態的廣告圖片，然後通過廣告引擎推送到可穿戴設備上，使用者則可以選擇點擊廣告或取消，其動作將會被回傳給平臺進行分析。

可穿戴廣告虛擬模型

「任何帶螢幕的設備都有著令人關注的商機。」移動廣告工具開發商InMobi副總裁兼營收與營運主管阿圖爾·薩蒂賈(Atul Satija) 指出。他們已經有一個團隊在開發智慧手錶、頭戴式顯示器等產品上廣告的虛擬模型，探索使可穿戴設備成為下一個有力的行銷平臺。

此外，千禧媒體公司(Millennial Media Inc.) 和吉普公司(Kiip Inc.) 都已加入尋找可行的穿戴式廣告技術，欲將這種可穿戴設備打造成新一代的行銷平臺。

TapSense Apple Watch廣告投放系統

移動行銷公司TapSense在Apple Watch還未發布的時候，就已經針對蘋

果Apple Watch推出了廣告投放系
統。這個平臺允許開發者和商家在
AppleWatch上進行廣告的投放，並且
具有高度當地語系化以及集成Apple
Pay等特色。

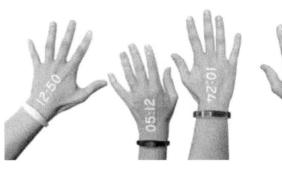

　　TapSense的開發者認為，當地語
系化是手腕廣告的一個屬性，憑藉iPhone的GPS功能，與之連接的Apple Watch
可以根據所處的位置顯示廣告；跟Apple Pay集成，則可以讓商家投放優惠券
之類，實現「刷Apple Pay可用優惠券」。但目前蘋果不一定允許TapSense在
Apple Watch上投放廣告，因為TapSense公司曾在其博客中聲明，他們的服務
還無法整合Apple Pay。

　　此外，移動購物公司inMarket稱他們將很快跟進Apple Watch的廣告推送，
允許用戶在購物時通過類似iBeacon的技術將宣傳內容推送到Apple Watch上，
但會不會採用iBeacon還不清楚。

可穿戴設備廣告存在的挑戰

①廣告的呈現載體

　　谷歌近期預測表示，未來廣告將遍布諸多奇特場所，例如用戶家裡的恆溫
器、冰箱、汽車儀表盤、眼鏡和手錶等物體上。冰箱或者汽車儀表盤我們可以
想像，因為它們都有比較大的空間改造用於廣告投放的地方，但是可穿戴設備
與這些智慧產品還是有本質區別的。

　　當前的可穿戴設備物理螢幕均很小，這個大家有目共睹，而且這還只是針
對有螢幕的智慧手錶或者智慧眼鏡之類的產品，像智慧手環、智慧戒指、智慧
衣物等各類其他產品根本就沒有所謂的螢幕，那廣告該以怎樣一種方式呈現？

　　美國一家初創公司曾推出了一款能將資訊投影在手背上的智慧腕錶，它內

置了一個微型投影儀，能在使用者手背上顯示時間和各種智慧手機上的通知。如果延伸到小螢幕的智慧手錶或者沒有螢幕的其他智慧穿戴產品，投影或許會是一個解決廣告呈現問題的方法。

但是，這其中還有一個問題，即未來可穿戴設備的發展方向是隱性化，產品的外在形態會越來越小直至消失。換句話說，它們會直接以微型感測器的方式自然地融進我們的身體裡面。那麼，這個時候嫁接在看得見的產品上的微型投影儀就失效了，廣告怎麼辦？人機對話模式的下一個階段就是語音，而使用者在這個時候也會從原先的被動接收廣告轉向主動索取。比如你想買衣服了，隱藏了的設備在綜合季節、氣溫、主人身材、偏好、心理價位等資訊的基礎上，對線上的商品進行一輪篩選，然後推介到用戶面前。它會怎麼呈現呢？以虛擬實境的方式呈現在立體空間裡。

想像一下，只要你按動某個啟動鍵，講一句「我要買衣服」，你的眼前立馬會出現虛擬實境影像。最重要的是那些衣服的試穿者不是身材與你大相逕庭的模特們，而是你自己。相信這樣的方式相較於如今的淘寶式購物，會讓你減少很多麻煩，比如退貨。可穿戴設備最終的顯示技術就是依託於虛擬實境技術，在任意空間顯示，這就突破了現在螢幕小的問題。而當前依託於物理螢幕或者投影技術的廣告呈現方式都只是過渡階段，但這個階段所持續的時間會比較漫長，因為其中所要攻克的核心技術非一朝一夕就能實現的。

②消費者對廣告的態度

真正被賦予現代意義的廣告概念誕生於17世紀末，至今廣告的形態、投放形式、承載媒介都已經發生了翻天覆地的變化。如今的廣告已經開始以一種無孔不入的方式出現在消費者的面前，而與廣告轟轟烈烈的發展勢頭形成對比的是人們對於廣告的態度。

不久前，浩騰媒體發布了一個關於消費者對移動廣告態度的報告，其中指出消費者對移動廣告的態度多種多樣。絕大多數人（89%）都對移動廣告有所

反感，但同時又有75% 的人認為移動廣告是有趣的，甚至94% 的人認為是有必要的。

顯然，大眾對於廣告的態度是矛盾的，即可以有但不願意被粗暴地對待。

另外，進入可穿戴設備時代，至今還沒有明確的案例或者資料能夠說明使用者會接受怎樣的廣告形式。但相較於同樣的廣告在電視或者手機上，和出現在用戶的智慧眼鏡或者智慧手錶上，肯定後者會更讓人感覺到自己的私人空間被可惡的廣告入侵了這一事實。

雖然定制廣告、精準投放已經成為廣告行業接下來的發展常態，且在一定程度上緩解了用戶與廣告商之間的矛盾，但入侵用戶生活、強迫用戶接收的性質沒有變。而進入可穿戴設備時代，消費者和廣告商會出現一種全新的關係，即將由可穿戴設備把關哪些廣告，什麼時候、以怎樣的方式出現在使用者的眼前，最大程度地讓廣告以一種輔助使用者更好生活的資訊狀態出現，同時發揮出廣告本身的價值。

IDC最近做了一個研究發現，朋友圈推薦好的東西又不是廣告最受歡迎。

換句話而言，只要你推薦的是符合用戶心理期待的好東西，是不是廣告已經不重要了。

總而言之，可穿戴設備會逐漸模糊市場行銷與生活的界限，而消費者與廣告商之間的關係也將重新被定義。未來哪一天，會出現新的一個詞代替「廣告」也很有可能。

③ 大數據商業化與個人隱私之間的矛盾

商業跟個人隱私似乎天生就是對抗的，特別是進入了大數據時代的今天，隨著資料計算分析能力的不斷提升，那些有意於利用這些資料的人可以輕而易舉地通過資料化的零碎資訊拼湊出一個現代意義上的完整的人。每個人的周邊仿佛有千萬雙眼睛在盯著你，以全景式方式在洞察著你。

對於置身其中的使用者而言，一方面渴望大數據時代給自己帶來更為貼心

便捷的服務；另一方面又時刻擔憂著自己的隱私安全遭受侵犯。這種焦慮從谷歌眼鏡在發布過程中屢屢受挫就能體現，即使谷歌眼鏡事實上什麼也沒有做。

移動互聯網時代，用戶開始強烈感受到隱私洩露的威脅；而可穿戴設備時代，顯然是加深了這種威脅，因為可穿戴設備的核心就是個人資料價值的挖掘與利用。於廣告而言，可穿戴設備為其創造了一個全新的行銷平臺，讓廣告變得更具侵入性，而同時也讓個人隱私問題顯得更加扎眼。

大數據的商業化實質上就是一場商家與商家之間、用戶與商家之間的隱私交戰。對於商家來說，誰更靠近用戶的隱私，誰就占據了更多的機會；於用戶而言，如何在享受大數據時代給自己生活帶來便利的情況下，使自己的隱私盡可能地得到保護很重要。

事實上，這二者是相互矛盾的，處在一種此消彼長的拉鋸戰中。比如，廣告商只有越多地知道消費者的真實想法，才能越精準地投放廣告，而真實想法又往往不能光明正大地獲取，具體怎麼獲取大家懂的。消費者的恐慌則出自對二者關係未來將如何發展的不確定性，誰也不知道哪天商家會得寸進尺到什麼程度，而用戶將與商家因為隱私問題搞得如何不可開交。

因此，如何在可穿戴設備時代，於大數據商業化與使用者隱私保護之間尋找到一個平衡點，是這整個時代都無法繞過的一大問題。歐盟的「被遺忘的權利」允許使用者刪除認為侵犯到自己隱私的資訊，這是歐盟關於大眾隱私保護邁出的第一步；或許會收效甚微，但至少已經在提示所有人，大數據的商業化是大勢所趨，而個人隱私保護也正在隨之得到越來越多人的回應。未來，將在法律層面賦予每個人去捍衛自身隱私得到保護的權利。

總的來說，在可穿戴設備時代，廣告的形態、價值、載體都將會發生根本性的變化。對於可穿戴設備的商家們而言，這顯然是一個巨大的價值藍海。

可穿戴設備將在減肥市場大有作為

根據（紐約法新電）最新報導，全世界有超過21億人超重或肥胖，這個數字接近總人口的30%。而且預計到2030年時，全世界幾乎一半的成年人口都會超重。

世界衛生組織日前稱，每年約有340萬名成年人死於肥胖導致的心血管疾病、癌症、糖尿病和關節炎等各種慢性病。顯然，肥胖已經從關乎身材嚴重至如今關乎一個人的性命安危了。

然而，目前還沒有任何一個國家對這個問題能有一個好的應對策略以真正降低本國的肥胖率，因此肥胖問題已經成為了全球範圍內一個重要的公共健康挑戰。

解決肥胖問題，節食或者抽脂都是治標不治本的非可持續性策略，唯有通過長期有規律的運動和飲食，以及良好的生活習慣才能從根本上解決。

所以，如何讓這個群體願意去運動並且達到自然的減肥效果，還能幫助他們建立良好的生活習慣，提高身體健康指數，才是整個減肥運動市場真正的「痛點」。

近幾年逐漸爆紅起來的可穿戴設備已經成為這一市場的敲門磚，而未來它將成為減肥市場最具競爭力的產品。因為它的優勢明顯，主要有以下四方面。

首先，可穿戴設備可以24小時貼身佩戴。目前還沒有任何一款智慧設備能夠做到這樣，即使是手機，用戶也會因著休息需要或減少輻射盡量在晚上入睡時關閉或放至離自己比較遠的地方。

　　其次，可穿戴設備可以24小時即時不間斷監測使用者健康資料。這是可穿戴設備目前最大的價值所在，筆者曾就這方面寫過一篇文章〈可穿戴設備價值讓生命體態特徵資料化〉，闡述了可穿戴設備的價值。可穿戴設備所產生的這些資料將可以用於生活的各個方面，特別是在醫療健康方面產生的影響將帶領我們進入「未病」時代。

　　最後，可穿戴設備的社交化及與醫療保險公司的合作將促使用戶持續參與運動，建立良好的生活習慣。這兩個方面，筆者曾在〈下一個社交工具或將在可穿戴產業中誕生〉與〈可穿戴設備接入醫療保險的兩種商業模式〉兩篇文章中都已經做了詳細的闡釋，此處不再贅述。

　　另外，目前市場對於運動健康類設備或者手機應用正處於一個高增長的活躍度。隨著可穿戴設備的優勢在這一方面的日漸呈現，其在健身減肥市場的爆發將會到來。

　　2016年，可穿戴設備的發展將回歸理性，逐漸步入市場細分的階段。企業若能準確抓住用戶的「痛點」，激發用戶的使用欲望，將會為整個可穿戴設備市場帶來新一輪的增長。

　　筆者一直說健康醫療行業將首先成為可穿戴設備市場的增長點，根據市場細分準則，專注於其中的減肥人群會成為可穿戴設備的又一個發力點。

　　上文對市場背景以及可穿戴設備本身優勢的闡述，都在證明可穿戴設備在減肥市場將大有作為。因此，筆者建議可穿戴設備的投資者及創業者們，可考慮從減肥這一細分市場切入，這將會是可穿戴設備又一個極具潛力的市場。

基於社交的可穿戴系統
將是中國企業的一次機遇

我們關於目前可穿戴產品討論最多的是其不夠時尚、電池續航能力差，用戶體驗不佳等導致用戶黏度不夠這類問題，在宣導正能量的社會，可穿戴產品似乎充滿了「負」能量。

或許這正是愛之深、責之切的移動互聯網的寫照。儘管批評和質疑聲不斷，但依然無法阻擋可穿戴產業的熱情。其實在筆者看來這是一種非常正常的情況，因為一個產業的發展就需要在不斷的討論、質疑中修正。

當前大部分人關注的都是可穿戴產品硬體的本身，其實我們還忽略了另一個方面，就是基於可穿戴設備的社交生態圈，這也是移動互聯網時代最終端移動入口的新機遇。

在這個重社交，人人都是自媒體，渴望24小時集體狂歡、彼此關注分享的時代，可穿戴設備的生態系統如果能基於社交進行打造，或許將是中國企業與國際巨頭差異化優勢的一個機會。

筆者有一個思考，即可以借助於現在的即時通訊工具做個探索、嘗試，比如陌陌版的智慧手環、微信版的智慧手環、微博版的智慧手環、來往版的智慧手環。

以即時通訊工具微信為例，如「微信版的智慧手環」，這不是騰訊家的智慧手環。簡單而言，就是通過微信埠進行二次開發，借助於微信管理手環資料，即時分享、查看微信好友的運動排名，與好友們互動、挑戰、競賽等。而這在筆者看來是目前最能拯救阿里來往的方式，至少比目前其以曬人肉的方式來吸引用戶眼球要好得多。

iHealth、華為榮耀、樂心、咕咚四家推出的手環均具備這種功能，它們可

以通過公眾服務號的形式，用微信來同步、管理不同品牌手環的資料，並將這些資料與微信的社交關係打通，提供給用戶類似朋友圈分享、「運動排行榜」等功能，這種嘗試筆者是持肯定態度的。

運動智慧手環是目前可穿戴設備領域中最為普遍的產品形態，但是由於這些來自不同廠家的手環沒有一個統一的系統平臺，導致整個使用者生態圈變得支離破碎。不同品牌的手環，往往需要安裝各自的APP，相互之間的資料無法打通。

此外行業的標準又處於探索階段，各品牌都有自己定義的一種參數方式。而每款產品的使用者基數又不分伯仲，沒有誰特別突出，可以讓用戶憑著其獨特的優勢毫不猶豫地做出選擇。

從心理學角度分析，在最貼身的社交圈子中分享自己的戰績，滿足感才是最強的。顯然，滿足用戶的這種分享樂趣也是當前增強使用者黏性的一種方式，可以彌補硬體本身技術發展過程中的一些不足。

從目前中國的可穿戴產業情況來看，尤其是做硬體的企業，可能由於所謂的定式，其基於自身硬體所探索的APP平臺總難成氣候，成了用戶的雞肋。我一直在觀察一個現象，很多用戶將自身使用的可穿戴產品的戰果，不是發到各自的APP平臺上分享，而是截圖到微信朋友圈，或是微博上分享。

或許，從這個現象角度觀察，傳統的硬體企業對於建立社交生態圈方面還需要向微信學習。也可以先從現階段的這種方式開始，即借助於已經成熟的社交平臺，如微博、微信等。

目前根據筆者瞭解，基於微信平臺的可穿戴產品大致面臨微信的兩點強制要求。

第一，打通各個品牌手環排行榜資料，因為單一品牌的用戶量太小，只有打通不同手環之間的運動資料，才能讓更多的用戶參與進來產生互動。

第二，添加維權中心。使用者無論使用哪家的產品，在使用過程中如出現

任何不滿意，都可隨時投訴。微信方面提出的理由是，不希望這些新加入的功能以任何形式強迫或者打擾用戶。

這兩點強制要求，體現的是微信希望自身成為統治智慧硬體的平臺方，如同蘋果、谷歌。當然，如果騰訊再涉足系統平臺的開發，融合微信建立系統平台生態圈，那這個故事就會更具色彩。同樣，筆者認為微博應該在這方面做開發與嘗試，以便保持在移動互聯網時代的入口優勢。

目前對於各廠家而言，在現階段將自己的產品接入微信已是水到渠成的事。因為這樣不僅不用再費錢費力開發相應的APP，同時在產品融入社交屬性之後，枯燥的健康資料能覆蓋更廣泛的人群，還能通過類似遊戲排行榜的方式刺激用戶的活躍度，最終達到提升使用者黏度的目的。

未來在可穿戴這一新的移動終端入口上，建立社交生態平臺將會是中國企業的一個新機遇。

智慧服裝，引爆智慧穿戴新發展

「男神」阿湯哥，憑藉其一如繼往的神武與帥氣，在《不可能的任務5》中收穫票房滿滿。而影片中同樣讓人看得心潮澎湃的，還有那一系列「牛氣炫酷」的智慧黑科技，無論是3D人臉快速列印、紙書秒變電腦顯示幕，還是步態識別、掌紋壓車窗解鎖等，無不讓人腦洞大開，歎為觀止。其中，尤以阿湯哥的智慧潛水服最為酷炫。

如何讓服裝「智慧」起來

阿湯哥的這件潛水服，不僅自帶氧氣充斥功能，可以即時監測人體內的氧氣含量；還能與電腦連接同步，提示氧氣充盈的程度，以確認穿戴者在水下的時間並保障安全。基於這種「超能力」，讓其在女主水下解救阿湯哥的戲碼中變得舉足輕重。戲裡搶盡風頭，戲外亦是奪人眼球，讓人秒秒鐘都想將其收入囊中，這樣「媽媽再也不用擔心我游泳會缺氧了」。

那麼，今天我們就來扒扒智慧服裝這點兒事。所謂智慧服裝，通常是指具有感知和反應雙重功能的服裝，它不僅能夠感知外部環境或內部狀態的變化，尤其可以通過回饋機制即時地對這種變化做出反應。這在阿湯哥的潛水服裡已經得到了完美的演繹。

那麼，這服裝是如何實現「智慧」的呢？目前主要通過以下兩類方式：一類是運用智慧服裝材料，包括形狀記憶材料、相變材料、變色材料和刺激——反應水凝膠等；另一類是將傳感技術、微電子技術和資訊技術引入人們日常穿著的服裝中，包括應用導電材料、柔性感測器、低功耗晶片技術、低功耗無線通訊技術和電源等。以加拿大肯高迪亞大學教授Joanna Berzowska研發的智慧衣服「Karma Chameleon」為例，該衣服能夠從人體中收集能量並儲存起來，

然後借助於這些能量並根據運動狀況改變自身的視覺屬性。其所採用的面料將電子器件和計算功能元件直接嵌入纖維裡面，而不是簡單地附著在織物表面。纖維組織則包含多層高分子材料，不管是收縮還是延伸的時候，都會彼此發生交互作用。

與此同時，經過十多年研究的智慧紡織技術的發展，也為各種形態智慧服裝的面世與普及添加了源動力。以智慧紡織材料製成的柔性感測器技術為例，這種技術將碳基導電材料植到彈性織物基底上，可隨著織物的拉伸、回彈等形變產生電信號變化，結合獨特演算法對電信號進行分析、處理，從而實現傳感功能。這種能夠導電的柔軟織物外觀上和普通布料一樣，能水洗、甩乾、烘乾，這樣就能很方便地將其製成多種款式的智慧服裝。目前，研發這項技術的團隊已經開發了一款智慧內褲，根據男性「黃金部位」的變化可以24小時即時記錄男性生理變化、自然性衝動延續時間、次數等資訊；而另一款智慧內衣，穿上它便可以監測女性的運動、呼吸、心率、情感狀況；還有一款智慧腰帶受到減肥人士的關注，繫上它可以每天監測自己的腰圍變化，且系統會適時提醒你注意控制飲食，加強運動。

智慧服裝的市場空間何在

那麼，智慧服裝領域又有著怎樣的一片市場空間，蘊藏著怎樣的商業機會和挑戰呢？其實在智慧穿戴領域，智慧服裝已非什麼科幻的稀罕物。自從20世紀90年代MIT媒體實驗室的可穿戴多媒體電腦問世以來，國內外學者便開始關注可穿戴技術與智慧服裝的研究。在1997年之前，也就是智慧服裝發展的初期，當時的智慧服裝並不具備良好的可穿性，僅是科技價值實現的載體；到了2000年左右，人們開始意識到將時尚和智慧材料融入智慧服裝設計的重要性，但是研究發展的進度相對緩慢，以致關於智慧穿戴的關注點更多地被投射在以智慧手環、智慧手錶、智慧眼鏡為載體的穿戴物上，對智慧服裝的關注度也就相對

弱化了。

　　但服裝產業的巨大市場容量，還是給智慧服裝的絕地反擊留足了可能與空間。尤其是近年來，中國服裝市場的銷量呈逐年上升趨勢。根據統計，2009～2011年，中國服裝市場零售額由人民幣9000億元增長到13446億元，年複合增長率達到22.25%；2012年受歐債危機以及中國國內宏觀經濟形勢下行的影響，增速放緩，同比僅增長7.83%。預計未來幾年，隨著國內外經濟形勢的逐步好轉，中國服裝市場零售額增速將有所回升，達到10%～15%的水準。

　　服裝市場的健康發展，再加上智慧科技的順勢而為，兩者的結合無疑讓「智慧服裝」的前景變得「不可限量」。智慧服裝的價格即便比一般服裝要高出一些，也不影響其市場潛力。更何況中國正迅速向高檔奢侈品消費國發展，人們對於新鮮玩意兒的興趣自然濃烈。那麼，附加功能恰當又具個性時尚元素

的智慧服裝又何懼沒有市場呢！

將迎來智慧服裝產業大爆發

伴隨著谷歌等科技大咖再次把注意力投射到智慧服裝上，又恰逢阿湯哥潛水服酷炫捧場，智慧服裝已然全方位吸引著業界與消費市場的目光。不難想像，智慧服裝的研發與銷售將步入新的發展快車道，其光芒也將蓋過智慧手錶、智慧眼鏡等穿戴物，成為智慧穿戴領域新一輪發展高潮的代表物。就如Gartner的報告所預測的，智慧服裝將從2013年、2014年出貨量幾近為零的冰凍狀態躍升到2600萬件，成為智慧穿戴領域出貨量最大的品類之一。

一方面，智慧手錶、智慧手環、智慧眼鏡等產品經過前期發展，短時間之內如果不能在產業鏈技術環節取得突破，必然會在產品技術與形態表現方式上受到制約，從而導致產品在一定層面進入「同質化」。因此，作為智慧手環等設備的承接者，推動可穿戴設備繼續向前邁進的載體，智慧服裝無疑將是最優的不二選擇。這也意味著，隨著智慧服裝的興起，可穿戴設備產業即將迎來新一輪的發展。另一方面，服裝的市場容量龐大，既有品牌的市場操作經驗、分銷管道都相對比較成熟。這相較於那些從無到有新建起來的硬體廠商，不論傳播力度還是滲透能力都要大很多。

再則，跟產品的屬性也有關係。服裝不僅是人體必需物，而且與人體接觸更緊密。對於可穿戴設備的功能性實現來說，其所採集到的人體資料輔之於有針對性的演算法無疑比當前的手環、手錶等設備更準確一些。這在一定程度上提升了可穿戴設備的使用者使用體驗，對可穿戴設備的推廣發展將起到積極的作用。

大咖的智慧服裝都怎麼造

谷歌聯手李維斯推出智慧服飾：高科技巨頭谷歌公司（Google）宣布正在

與全球知名的牛仔品牌李維斯(Levi's) 合作，以特別紡織的具有觸屏控制功能的面料來製作智慧服飾。這個由谷歌的先進技術專案部門研發的新技術被命名為「提花專案」，利用這項技術可將導電纖維嵌入任何類型的紡織品來製作智慧化面料，還可以在衣物上加入紐扣大小的超小型計算系統，將可穿戴技術融入牛仔褲、夾克、襯衣甚至內衣中。谷歌方面表示，有了這項技術，任何採用紡織面料的物品，從服裝到傢俱以及地毯等，都可以植入電腦觸屏控制功能。

智慧變形服裝搭載英特爾Curie穿戴模組：為了展示可穿戴模組Curie的潛力，英特爾聯手建築學運動服裝設計師Chromat推出兩款「回應式服裝」。其特別之處在於這兩款智慧服裝搭載了英特爾那顆只有紐扣大小的硬體平臺Curie。其利用感測器收集的心跳、體溫等人體生理信號，並通過在衣服中集成的形狀記憶合金進行衣服變形。這兩款衣服在2016 年春夏紐約時裝周上，得到了不俗的反響。

智慧服裝的技術曙光到來了嗎

香港鳳凰衛視在2015年7月通過對世界智慧紡織專家、香港理工大學紡織與製衣學系陶肖明教授的專訪，製作了一期題目為「智慧面料——終極穿戴設備」的節目。節目指出，相對其他形態的可穿戴設備而言，服裝是更容易讓消費者接受的一種可穿戴設備的表現形態。擁有智慧功能的面料，看起來與普通衣物無異，但在需要時就可發揮其特殊的功能。因此，智慧面料擁有巨大的潛力！設計師和工程師可以不受限制地自由發揮想像力，從而實現無邊際的創意延伸，智慧面料使可穿戴設備為消費者提

供更智慧、更人性化的服務。

　　首先，智慧服裝的資料採集功能可以長時間連續使用，在確保用戶舒適的前提下，無干擾地獲取所有資料；其次，一些智慧面料已經實現水洗、機洗，和普通衣物的維護毫無二致，這將大大提升用戶體驗，並降低使用成本。

　　15年前，科學家們就已致力於研究能夠感知周圍環境，包括電、光、熱等在內的智慧面料，目前比較成功地為具有微小化和柔性化的織物感測器。通過良好的基材選擇，該感測器具備感應外界應變和壓力等功能，具有柔性、大變形、可重複性、耐疲勞性等優勢。

　　除了織物感測器外，柔性織物電路板也得到了很大進展。把預先拉伸的彈性紗及絕緣金屬纖維編織到織物結構中，研製出的新型織物電路板，像普通布料一樣耐用、透氣、柔軟且易於改變形態，亦可拉伸及洗滌。這種織物電路具有良好的電穩定性和少於1%的相對電阻變化，不但耐受水洗及容易拉伸，而且通過多種極端使用情況的測試，包括抵禦300%單向拉伸及150%三維衝擊測試，更有超過百萬週期的使用壽命。

　　這些柔性感測器和電路板組成了智慧面料，有的能夠測試壓力、形變，有的能夠測試人體的生物電信號，從而為醫生、運動教練等即時監測病人、運動員訓練的生命體征提供了條件。例如供糖尿病人穿著的特殊鞋子，能夠為因糖尿病而腳步神經麻痺的病人測試各種條件下的足底壓力分布情況，及早發現和避免骨骼肌肉連接層深處的損傷，避免將來可能發生的潰爛和截肢，從而有效幫助病人和醫生對抗糖尿病的影響。

　　除此之外，整合了包括壓力感測器在內的多種感測器的智慧鞋和鞋墊，也能夠基於壓力等參數進行精準的步態、能耗分析，一旦發現有發生運動損傷的

潛在可能，即可進行預警，讓使用者邁出的每一步都更健康。另外，融合了柔性織物感測器的智慧穿戴服裝，可以幫助用戶做呼吸訓練、改善睡眠以及進行睡眠呼吸暫停篩查等。總之，目前的智慧服裝已經實現了「通訊」和「個體監測」的作用。未來，在核心演算法、核心資料分析以及綜合資訊處理技術的幫助下，智慧服裝有可能為群體行為的研究做出貢獻，進一步推動「衣服成為一個互動的平臺」，充分發揮穿戴設備的深度智慧，廣泛應用於醫療、健康、運動領域、消費市場和工業市場。

中國智慧服裝的發展

眼下中國國內已有企業敏銳地把握住了智慧服裝行業即將到來的風口，並開始對智慧可穿戴設備進行嘗試。

這些企業裡，既有華為、聯想、360、小米等IT領域的風向標企業，還有許多科技型的創業團隊，他們紛紛提早布局，都想在智慧穿戴浪潮中分得一杯羹。但遺憾的是傳統服裝品牌企業至今對這一浪潮還沒有強烈的意識，更多的還只是停留在如何借助於互聯網+來改善經營的層面，忽視了即將在整個產業技術上進行顛覆的智慧服裝浪潮。

從目前市場已發布的可穿戴設備產品來看，還是集中於智慧手環、智慧手錶、智慧眼鏡為主要載體的穿戴設備上，探索仍停留在「戴」個領域，「穿」的產品寥寥可數。為什麼會出現這樣的情況？上文曾提到，要想實現智慧服裝，必須解決「可穿性」問題。要想具備良好的可穿性，柔性傳感技術是最為關鍵的一環。

這種傳感技術要實現將感測器和服裝面料融為一體，成為智慧服裝的基本面料，需具備以下幾個基本條件：在低電壓、低功耗狀態下長時間工作；能靈敏感知各種人體生理參數、環境參數的變化，如同時測量溫度、濕度、壓力、聲音、光線、化學參數等多個指標變化；兼顧舒適性和功能性；可水洗。

　　目前全球智慧終端機產品正處於一個發展的上升期，而中國作為新經濟體中不可小覷的力量則必須在智慧可穿戴這個新一代資訊產業發展制高點有所突破。因此，在大陸已有部分高校、科研院所和企業開展柔性傳感技術的研究並進行產業化應用開發。

　　以筆者對行業一直以來的觀察，中國一家名為安潤普的科技公司，以其獨特的SOFTCEPTORTM 柔性傳感技術研發出的智慧服裝，柔軟度接近人體皮膚，能靈敏捕捉人體內外細微的形變、壓力變化等，感應監測人體呼吸、心率、腰圍、肌肉維度、情緒變化等資料，作為健康、保健、美容、美體等客觀指標，將對人的關愛置於無聲無息的日常穿戴中。該公司的智慧服裝產品不久將投放市場。

　　從整個產業技術發展的情況來看，今天智慧服裝產業鏈必備的微型、低功耗、高運算能力的CPU/MCU技術、柔性電池技術已基本成熟，更為重要的低功耗通訊技術、移動互聯網技術，包括雲端運算在內的人工智慧技術取得快速發展，這些都將為未來中國智慧服裝產業蓬勃發展提供強勁的動力支援。

　　中國可穿戴設備市場即將迎來新一輪的高速增長，而中國市場由於其龐大的消費人群將促使其成為全球可穿戴設備市場的核心。尚普諮詢發布的《2015─2020年中國智慧穿戴行業市場調查研究報告》顯示，中國智慧穿戴設備有望在2016年達到1.71億的出貨量。儘管這份報告並不一定準確，但以其為參照，我們可以預見整個可穿戴設備市場的容量將是尚普諮詢發布的這份報告的幾倍以上，這也預示著中國智慧服裝產業未來將迎來百億甚至千億級的市場前景，讓我們拭目以待！最後，對VC們說一句：「智慧服裝產業即將迎來爆發，抓住這輪浪潮意味著什麼，你懂的。」

智慧耳機將成可穿戴設備新藍海

　　智慧耳機Muzik是一款和普通耳機有些不同的設備，除了聽歌這個基本功能以外，還有分享音樂的社交功能。只要輕輕一點，就能把歌曲分享到Facebook、Twitter等社交平臺上，Muzik社交圈內還支持歌單分享。這對於音樂愛好者來說，是一件極具意義的事情。

　　長久以來，多數耳機廠商、開發者通常都是側重於如何在音質音效方面獲得突破。此外就是想方設法將它們設計得更便於佩戴，對於其他方面幾乎沒有涉及。Muzik開發出這一款具有社交功能的智慧耳機，不僅意在以求新求變殺進可穿戴設備市場，同時也表明隨著可穿戴設備時代的來臨，智慧耳機領域將迎來一場不小的變革。

　　不久前，蘋果斥資30億美元收購了廣受好評的流媒體音樂訂購服務商Beats音樂公司和製造廣受歡迎的Beats耳機、揚聲器及音訊軟體的Beats電子公司，幾乎一瞬間耳機成了消費電子科技行業的焦點。

　　就如蘋果公司首席執行官蒂姆·庫克所言：「音樂是我們所有人生活中特別重要的組成部分。消費者對音樂的喜愛會轉嫁至對音樂播放設備的倚賴。」此外一些耳機設計和生物計量研究領域的頂尖專家也表示，耳機的能力遠遠不止是作為聽音樂的工具而

已。顯然，耳機的這些特性將成為其在可穿戴設備領域內競爭的一張王牌。

如今，我們在談及可穿戴設備時，總會自然而然地忽略耳機這種產品形態。然而，耳機這一產品一直是一個巨大的市場，因為它是音樂發燒友們的必需品。只是多年來一直沒有被關注，沒有與可穿戴進行結合。而在可穿戴設備元年，它將重新被發現、重新被定義。

當然，最重要的是智慧耳機符合筆者一直講的商務邏輯，就是要做細分市場，發揮極致的功能。

再則，耳朵是人體非常重要的感官之一，我們每天都會通過耳朵接收各種不同的資訊，所以耳朵也被喻為聽采宮。通過耳朵採集的一些資料資訊，不僅可以判斷一個人的智力，還能判斷一個人的健康狀況。因此，耳朵也可以像手腕一樣成為採集人體健康資料的一個理想部位。

在2016年的CES發布會上，英特爾首席執行官Brian Krzanich就展示了一對具備生物識別功能的耳塞，它們一樣能夠追蹤使用者的運動、記錄消耗的卡路里、讀取心跳等信息。

相對於佩戴在手腕上的運動手環，筆者認為智慧耳機將是一個更具潛力的市場。智慧耳機最大的優勢就在於它可以擁有所有運動手環具備的功能，但是運動手環至少在短期內還無法以更好的方式來承載音樂以及社交分享等功能。

除此之外，未來的智慧耳機還將有更大的潛力挖掘空間。比如，現今的可穿戴設備在一定程度上解放了我們的雙手，因為我們只需語音、眼神，甚至一個意識便能讓設備知曉我們的想法。

我們可以設想這樣一個場景：你突發奇想要去某一個地方旅行，此時你整天戴在耳朵上的耳機內置的感測器在意識到你有這個想法後，不到一分鐘的時間就以語音的方式為你陳列了多套旅行方案，並且詳細地介紹了那個地方的風土民情，甚至在你選定一個方案後自動幫你安排最適當的路線以及交通工具等。

在旅行途中，它還會根據你平時的喜好向你推薦歌單，每到一個目的地都會有針對性地對當地進行介紹，絕對比專業的導遊還要靠得住。當你想認識當地某一位美女，然後又不知從何開口的時候，智能耳機還會悄悄地告訴你對方的一些基本資訊，以助你成功搭訕。

總而言之，智慧耳機不僅解放了用戶的雙手，還解放了用戶的雙眼，使用戶可以完全在一個更加不受束縛的環境中做一切想做的事。面對如今競爭越發激烈的智慧手錶、手環、眼鏡領域，筆者個人有個建議，就是初創公司們或許可以借助於智慧耳機進入可穿戴設備領域，雖然耳機已經是紅海，但基於可穿戴的智慧耳機卻是一片有待開發的市場藍海。

谷歌和蘋果的發力
將加速可穿戴市場的成熟

蘋果與谷歌分別於2014年6月份的首尾舉行了各自一年一度的開發者大會。蘋果在WWDC大會上更新了桌面系統和移動系統，同時發布了基於健康和家庭資料的軟體平臺方案HealthKit及HomeKit。

谷歌在美國舊金山開發者大會上發布了新系統開發者預覽版Android L，同時再次強調了谷歌汽車、谷歌電視以及谷歌穿戴類等各種產品。

谷歌的安卓系統開始從最先的手機延伸至可穿戴、客廳、汽車等涉及人們日常生活方方面面的各類設備，可以說谷歌即將通過「系統+應用+硬體設備」的融合實現安卓世界的「一統天下」。

從兩大科技巨頭在開發者大會上發布的新品中可以看出，其在多個領域的布局都有重合，均重點強調了不同設備之間的協同。谷歌以Android系統為核心，以打通各個不同平臺來打造統一且高效的用戶體驗。此外，谷歌也在通過不同平臺間的統一協同來實現其移動互聯網時代的大數據平臺建設。

未來，用戶在手機中設置的位置和導航資訊將直接可以在車載設備中使用。手錶可以控制手機，手機可以控制電視。

蘋果則以iOS系統為核心，打造車載平臺Carplay、健康平臺Healthkit、管理客廳的Homekit等同樣涉及生活方方面面的各大軟硬體。

顯然，蘋果與谷歌在進行著一場暗暗的戰略賽跑與較量，且都將開始更加全面直接地爭奪手機領域之外的入口、使用者及資料，全方位統管使用者的生活。

這對大陸國內早就一窩蜂地開始進軍智慧電視、智慧手錶、車載系統、可穿戴設備的廠商們而言，單一地從產業發展角度來看是一個利多的信號。

大陸國內的許多廠商憑藉著安卓系統的免費和開放策略，早已將其硬體滲透到了手機之外的各個領域。很多廠商自己投入資源，做安卓電視、安卓手錶甚至健康醫療設備的開發。但是由於大部分廠商只是停留在將手機上的功能移植到其他智慧設備的層面上，使得這些設備的體驗均差強人意。

當然，此次谷歌對安卓系統之前的開放性所帶來的問題進行了完善。筆者在〈中國廠商不能再像玩Android一樣玩Android Wear了〉一文中對安卓系統的後續想法進行了闡述，這裡不再討論。

可穿戴、智慧家居、車載等市場的不成熟及不明確，急需某廠商樹立一個標竿。而在科技界，誰都不會否認蘋果或者谷歌有這種樹立行業標竿的能力，它們二者的合力將會像當初在智慧手機界一樣引爆如今的可穿戴、智慧家居、車載等領域的市場。

在智慧手機領域，第一部iPhone手機的誕生使人們開始認識到何為真正的智慧手機、何為極致的用戶體驗，這一標竿的樹立使各大廠商開始紛紛效仿。隨後專攻大數據平臺的谷歌推出了免費的系統支援，並以後來者居上的姿勢迅速占領了大部分市場，快速推動了整個生態系統的成熟。

蘋果iPhone顛覆了智慧手機市場格局，谷歌Android則以78.1%的手機市場

份額顛覆了蘋果系統。

　　雖然現在蘋果在可穿戴領域還未正式推出一款如iPhone一樣能重新定義何
為可穿戴設備的標竿產品，但從多方消息中可以看出，蘋果正在卯足勁發力，
欲推出一款不負眾望的可穿戴設備。而這次顯然谷歌的Android Wear系統跑在
了前面，首先為大陸國內的廠商帶來了新的機會。

　　無論蘋果與谷歌以怎樣的方式在各個領域相互較量、相互制衡，二者都將
憑藉其各自的優勢，加速可穿戴、智慧家居、車載等市場的發展，並帶動產業
不斷趨向成熟。

Chapter **2**

談產品──創意無限，
新藍海蓄勢待發

智慧手錶可謂當前整個可穿戴設備中在商業化路徑上探索最多的應用產品之一，連科技巨頭的蘋果也以顛覆者的形象跨入了智慧手錶這個領域。其他如智慧手環、智慧眼鏡、智慧服裝等也吸引各路創新人馬的加入。

2-1 智慧手錶

Olio智慧手錶帶來的啟示

　　智慧手錶可謂當前整個可穿戴設備中在商業化路徑上探索最多的應用產品之一，連科技巨頭的蘋果也以顛覆者的形象跨入了智慧手錶這個領域。儘管Apple Watch所引發的智慧手錶在當前可謂處於輿論的旋渦中，但還是無法阻擋各路英雄進入智慧手錶領域探索，主要有以下三方面：一是IT科技領域的巨頭基於智慧手機的理解來打造智慧手錶，如三星、LG等；二是傳統鐘錶業基於手錶的路徑來融合智慧打造智慧手錶；三是一些新的創業者基於自身對可穿戴設備產業的理解進入智慧手錶領域。

　　而近期在業內引發關注的另外一匹黑馬Olio，以第三視角，也就是新創業者的角度切入了智慧手錶領域。但引發關注的核心並不是其開發了一款智慧手錶，而是前不久在其A輪融資中獲得了由NewEnterprise Associates (NEA) 主導的一千萬美元投資的這件事情。在智慧手錶被普遍不看好的今天，Olio獲得風險資本的青睞或許值得我們去探究。

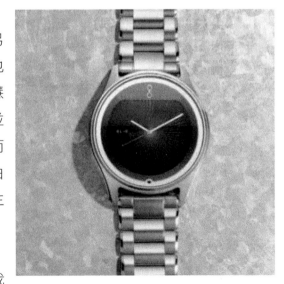

Olio在做一隻手錶

在今年三月份，Olio的一個舉動引起了業內的關注。和Pebble一樣其發布了運行自家OS系統的智慧手錶，並且將自己定位為Apple Watch、Pebble以及Android Wear的競爭對手。其金屬錶身的產品價格為595美元左右，其中包括一款真皮錶帶、24K金機身的產品，售價為1195美元；若將錶帶換成金鏈錶帶，價格將會達到1395美元。從價格來看，比當前200～350美元的Android Wear手錶和三星Gear手錶顯然要更高端，儘管與傳統的名錶勞力士手錶相比稍微遜色了一些，和18k金Apple Watch相比在價格上還是有一定差距。

僅從價格層面來看，Olio更像是借助於智慧這一浪潮打造一個高端的智慧手錶品牌，更準確地說Olio首先切入的並不是智慧市場，而是借助於智慧浪潮來切入傳統手錶的市場。在當前智慧穿戴產業鏈技術還並不能有效支援、支撐智慧手錶的一些設想時，類似Apple Watch一樣選擇從傳統錶的市場切入，打造一款獨立的智慧手錶，而不是手機附屬配件的產品，是走出當前「智慧手錶」尷尬局面的不二途徑。因此，Olio智慧手錶首先是一款手錶，從它的產品策略來看圍繞的是手錶的三個核心要素：時尚、能秀、防水。

時尚，不論是對於智慧手錶還是傳統手錶的從業者們來說，這都是一個核心要素。但由於從業經驗以及對產品美學理解的差異，除了Apple Watch之外的智慧產品對於傳統手錶美的理解都存在著一定的不足，至少從當前產品表現出來的情況來看是這樣的一種現狀。

能秀，過去手錶承載的主要是時間獲取的功能，但在資訊化的今天，時間的獲取途徑多種多樣，人們已經不再依賴於手錶來獲取時間，可以說手錶的價值與屬性已經發生了根本性的改變。對於手錶來說，不論是加入科技元素，還是時尚元素、藝術元素、文化元素等，其中一個關鍵的「內涵」都是讓用戶戴在手上能不同程度地傳遞某種「秀」。

防水，這是傳統手錶所要關注的一個基礎技術要點，不論是傳統手錶還是

智慧手錶，哪怕是智慧手環類產品，只要是戴在手上的監測類產品，防水是必須考慮的因素。但當前對於傳統手錶之外的人士借助於智慧這一概念進入手錶領域，對於防水這一要素並沒有充分考慮，這也是影響用戶使用體驗的因素之一。

而Olio的智慧手錶，雖然沒有傳統的防水防塵等級，但它表示「手錶的防水性能高於消費類電子產品的IPX7和IPX8標準」。它通過了水箱50～100公尺的壓力測試。也就是說使用者日常生活，如洗澡、洗手，其產品的防水性能沒有問題。另外，不論是從手錶的錶型還是錶帶等方面來看，Olio都抓住了傳統手錶的另外兩大核心，也就是時尚與能秀。除此之外，Olio還採用了無線充電技術。

Olio智慧手錶所帶來的啟示

說了這麼多，其實Olio帶給我們一個很重要的啟示：即不論我們做什麼樣的智慧手錶，首先它得是一隻錶，而不是科技「寵物」。就智慧手錶而言，當前的困境或許正是由於我們對智慧手錶這四個字的階段性理解偏差所造成的。

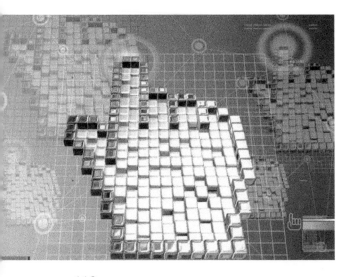

智慧手錶，顯然是由「智慧+手錶」組成。在物聯網時代智慧是核心，手錶只是智慧的一種載體表現形式。但在今天，由於產業鏈技術的不完善，我們難以直接跨越到智慧手錶的階段，因此需要先從手錶智慧開始，也就是說先得將這隻表做得是隻手錶，其次再「＋智慧」。

從這個角度來看，也就是筆者

經常跟業內人士所表達的，對於當前階段的智慧手錶產業，傳統手錶企業更有優勢，因為他們更懂手錶。同樣，對於IT科技企業或是創業者在跨入智慧手錶領域的時候，或許需要向Olio學習，首先做的是一隻手錶。這對於用戶來說，當智慧並不能完全滿足與達到其預期時，手錶本身的價值就會成為其消費價格的一個轉換點，至少不會有很強的「失望」感。

Olio的野心在物聯網

當然，Olio的野心並不只在於做好一隻智慧手錶，還有更大的野心。與當前大部分智慧手錶不同的地方在於其產品是基於自身開發的OS系統運行，其中一個核心的技術就是Olio研發了名為Olio Assist的雲端個人助手功能——根據Pandora式的學習演算法來判斷使用者行為、偏好，並能在合適的時間為用戶提供相應的資訊。簡單點說，就是Olio的OS系統重點在打造一個具有「智力」的生活助理，然後採取了比蘋果更為封閉的系統方式。我們可以理解為全封閉的系統，不接受任何協力廠商的二次開發，所有控制程式與功能均由Olio自己開發並提供。

而Olio這樣做的目的是給使用者減少不必要的麻煩，在資訊過度氾濫的今天，讓用戶從資訊「黑洞」中解放出來，並圍繞著用戶的生活方式為用戶打造一個智慧控制生態圈。比如，在Olio的手錶中植入相關的汽車控制程式，使用者就可以用Olio智慧手錶解鎖車門；用戶也可以借助於Olio手錶來控制家裡的門鎖，或者是Nest溫控器之類的設備；用戶還可以在回家的路上對著Olio手錶輕聲說「關上窗簾，打開空調至25度」等，Olio就會完成這些事。總的來說，Olio想幹的就是基於其自身的OS系統，將其智慧手錶打造成物聯網的控制中心。

從其產品的定位與理念角度來看，Olio的方向是正確的，也是智慧手錶未來的趨勢。儘管Olio的負責人極力反對蘋果智慧手錶系統的策略，但從其當前OS系統的布局理念來看，或許已經進入了誤區。所有的應用都依賴於自身開

發，這就意味著Olio選擇了一個重模式。

簡單地理解就是在物聯網時代，所有的智慧硬體載體都只是基礎工具，而其使用價值是借助於軟體應用來體現。任何一個企業，如果憑藉著自身有限的人力資源，一方面成本高昂，另一方面價值挖掘很難全面，而蘋果就是發動全球的開發者力量來為其產品的應用價值進行更深入的探索。相想比於蘋果，Olio在當前產品使用場景比較單一的情況下可以借助於自身的力量來探索、開發一些應用，但要想實現其夢想，也就是物聯網控制中心，這種依賴於自身的重模式將會成為其發展道路上的巨大包袱。

Olio的出路在於開放

儘管Olio有著美好的構想，希望借助於其智慧手錶來連接相關的智慧終端機設備並成為控制中心。但現實的處境是：一來智慧終端機還未普及，終端產品有限；二來智慧終端機相對零散，各自標準相對獨立。此時，從Olio極端封閉系統理念的想法來看，要想打通相關的智慧終端機設備，並通過連接相關終端設備來獲取使用者的生活行為習慣資料，其價值的投入產出會在相當長的一段時間內處於失衡狀態，大數據價值難以有效形成。在筆者看來，Olio要想成為物聯網的控制中心，核心的關鍵就是兩個字「開放」，主要表現在以下兩方面。

一是打造垂直開放的控制平臺。也就是說Olio將其OS系統優化好之後，開放介面提供給一些智慧手錶開發者使用，將OS打造成智慧手錶這一細分市場的安卓或IOS。

二是開放系統。也就是說Olio要想讓自身的產品有更多的應用探索，比較好的選擇就是將OS系統從當前的重模式轉換為類似蘋果的輕模式，也就是將其OS系統開放給開發者來共同探索基於其產品更多的應用可能與價值。

Apple Watch 引領時尚與科技融合

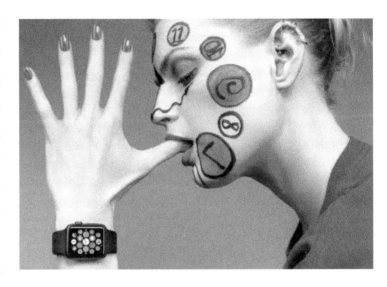

巴塞爾展可謂鐘錶與珠寶界每年一度的盛會，所吸引的不僅僅是業界人士，更有時尚界人士。筆者認為今年的展會將較往屆更引人關注，其關鍵原因在於這是一次時尚與科技的融合、傳統技術與現代科技的較量，而引發這一現象的「罪魁禍首」正是智慧穿戴。

在本屆巴塞爾展之前一周，蘋果發布了Apple Watch，不僅占據了科技頭條，更是引發了時尚界的熱議。之所以被關注、被熱議，更多的並不是這一隻錶的本身，而是由這一隻錶將引發的一場變革。很顯然，蘋果所發布的Apple Watch智慧手錶，其目的是希望重新定義手錶，至少是重新定義時裝表，而不是定義智慧穿戴。

對於傳統的科技公司，人們通常的認知都是停留在技術功能，或者先進科技的層面，很少會將其與時尚聯繫到一起。至少在賈伯斯重新締造蘋果公司之前，大部分人對於科技公司是這樣認知的。但在賈伯斯對蘋果公司進行了改造之後，我們看到蘋果公司有兩個很重要的基因形成：一是將科技與時尚充分融合，打破了以往兩者相對割裂的局面；二是借助於一個產品重新定義、啟動、

改造一個產業。

這次蘋果可謂攜帶科技與時尚的基因跨界進入手錶領域，是否會對手錶這一傳統而古老的行業帶來影響？答案顯然是肯定的。

從手錶的發展來看，可以說在數位化社會以前，手錶賣的核心價值是時間。不論機械錶如何賦予其附加價值，不論是鑲鑽的，還是手工的；也不論是出自名家之手，或普通設計師之手，其核心價值一定是基於機芯，或者說是計時的精準度。

我們也可以理解為數位化社會以前，大部分手錶的價值是一種技術美，藝術只是外在的一種價值放大，並不是核心價值。但到了數位化社會之後，或者更精準地理解為機械驅動計時之外的計時技術出現之後，手錶過去一直賴以體現的計時這一核心價值被時尚美感所取代。

換言之，計時已經不再是核心稀缺價值，尤其是進入數位化、資訊化時期，獲取時間的方式、管道已無處不在。此時，手錶外在的時尚美感成為了決定其價值的核心要素，這其中還包括美感之外的一些附加價值。

另外，任何一個產業的技術發展到一定階段之後，技術都會進入成熟、穩定期，此時要想在技術上獲得提升，其投入的成本或將遠超過商業回報。

而在核心技術之外的層面進行價值釋放，其所收穫的商業價值則會呈放大效應。尤其對於時尚產業而言，借助於時尚要素釋放其商業價值可以說是骨子裡的本能，不論是奢侈品、珠寶、手錶還是時裝等產業。

手錶賣的是一場「秀」

這就讓我們看到了手錶逐漸由過去的賣時間，演變成了今天賣時間之外一些社會或心理的附加屬性。包括這次的巴塞爾展，各大品牌更多的則是基於計時技術之外的層面進行價值放大。

比如時尚、裝飾、工藝、材料，甚至是人為地通過稀缺性塑造來實現價值

放大。最為直觀的則是從近幾年各品牌在展會上所發布的新產品來看，針對女性以時尚為主旋律的錶越來越多，這次也是一樣。

不論是男性或是女性，追求佩戴品牌手錶的動力顯然不是來自於獲取時間，而是一種「秀」的價值，這也正是諸多奢侈品與珠寶品的核心。

當然，這種「秀」也是智慧穿戴的核心要素之一。之所以稱為智慧穿戴，一方面是智慧，也就是科技；另一方面則是穿戴，也就是傳統的時尚產業。通俗地理解就是將科技通過穿戴在身上展示出來，並借助於時尚釋放其價值，讓我們不僅能使用起來，更能「秀」出來，這其中的核心必然是時尚與美感。

曾經對於鐘錶這一相對封閉的行業而言，智慧是一種現代科技的產物，與以傳統計時佩戴價值為核心的鐘錶並無太大關係。哪怕是智慧手錶在科技界被炒得火熱時，甚至是蘋果傳出要以智慧的形式進入手錶領域時，大部分的傳統手錶品牌都並不看好。

直到蘋果公司大舉開挖時尚品牌設計師加入其智慧手錶專案時，包括斯沃琪、歐米茄等在內的瑞士鐘錶大牌才開始意識到了危機。因為蘋果顯然意識到了手錶過去計時這一核心價值將被科技重塑，而「秀」仍然成為用戶購買並佩戴的核心驅動力。這也就是我們今天所看到的蘋果Apple Watch為什麼會有N+種的風格變化方式。

或許一些傳統鐘錶品牌認為鐘錶品牌的形成需要漫長文化與時間的沉澱，而蘋果作為科技公司顯然缺乏這方面的沉澱。但不可忽視的是蘋果之所以淡化Apple Watch的科技感，凸顯其時尚感，其目的非常簡單，就是讓那些走紅地毯的，讓那些游走於高端、時尚圈的人士換下那一隻瑞士錶，戴上這只科技化的時尚錶。

這些人群一旦受到影響，給整個鐘錶行業所帶來的影響將是顛覆性的。正如曾經的蘋果手機影響了芬蘭一樣，Apple Watch正走在變革瑞士鐘錶的路上。我們或許在短期內難以看到智慧手錶取代機械錶，但取代時裝手錶的節奏已經

開啟。

　　試想，我們戴著一隻Apple Watch，它的錶帶可以隨著我們不同的社交場合和衣著而隨意更換；戴著它，不論何種場合，我們都可以讓錶盤呈現相應的風格；戴著它，我們不再需要帶著各種各樣的銀行卡，只需通過它輕輕一刷即可完成支付；戴著它，我們不再需要列印登機牌；戴著它，各種鑰匙、遙控器都將很快被取代；戴著它，我們的健康多了一個管理助手；戴著它……我們不僅能感受到時尚的魅力，更能體驗到科技帶給我們的生活樂趣。

　　如果說傳統手錶是一場時尚與身份的象徵「秀」，那麼智慧手錶所帶來的則是一場時尚、科技與身份的象徵「秀」。

鐘錶產業將迎來第二「春」

　　相較於科技公司，筆者認為傳統錶品牌進入智慧手錶領域則更具優勢。其原因很簡單，傳統科技公司在產品上通常以技術性能為主，更多考慮的是產品的實用性能，或者可以理解為硬性能；而時尚品牌更多的則是側重於視覺美感與附加價值，或者可以理解為軟性能。尤其是對於鐘錶與珠寶品牌而言，至少在穿戴時尚、舒適、美感的層面要領先於傳統科技公司。

　　以蘋果Apple Watch智慧手錶為代表的時尚與科技的跨界錶的進入，不論是對於鐘錶業或者珠寶業而言，短期內行業需求都將會被再次激發並釋放。也就是說一些平常沒有這方面佩戴需求與習慣的人群將被激發與釋放出來，從而必然會給傳統鐘錶業帶來新的春天。但從長遠來看，科技是人類社會發展過程中不可阻擋的趨勢。不久的將來，機械錶或許將以藝術品的形式存在或被珍藏。

　　顯然，從目前鐘錶行業的一些表現來看，包括這次的展會，我們可以洞察傳統鐘錶與珠寶品牌正在借助於其對時尚美感的優勢而發力於智慧穿戴領域。對於科技公司而言，正在向這些產業攝取時尚元素，以釋放科技的時尚美感。

　　不論是時尚或是科技，在接下來的發展階段中都將難以割裂；不論是所

謂的跨界或是融合，科技都將離不開時尚的外衣，而時尚也將離不開科技的身軀。

科技將為時尚插上價值翅膀

不僅如此，智慧穿戴的出現對於以時尚為主旋律的行業而言都將帶來深遠的變化與影響。不論是鐘錶、珠寶飾品還是時裝等產業，科技的融入都將賦予這些傳統意義上以時尚為核心的穿戴產品不一樣的價值。比如，智慧科技的融入，我們可以在掛墜、手鏈上加入感測器以監測我們的心率、運動量，從而幫助我們更好地關注健康與體型；或者是在各種包中融入定位感測器，我們就不必為尋找包而煩惱；我們可以在耳環中加入濕度感測器，監測我們臉部的水分，幫助我們的臉始終保持水嫩。

如果說傳統的時尚是一種視覺美感，那麼科技的融入將讓時尚不僅是一種感官的美感，更是一種可量化的神器。同樣，對於智慧穿戴產品而言，要在短期內走出科技寵物的處境，時尚領域將會是個不錯的藍海。

而4D列印技術的出現，將更為徹底地改造時尚界。未來我們的衣服將根據我們的心情與社交場合而自動變化造型、風格，我們所穿戴的各種飾品將根據我們不同的生活場景而自我變化。在筆者看來，科技與時尚的融合將會是科技界與時尚界的主旋律，跨界融合將會成為一種新常態。

智慧手環

谷歌治癌手環或將讓未來人類永生，你信嗎

　　由谷歌眼鏡做大的智慧穿戴產業還在河裡摸石頭，而谷歌最近又來了個更刺激的，就是基於智慧手環進行癌症治療。

　　從專利檔的描述資訊來看，谷歌智慧手環是利用超聲波或無線電頻率等「外部能源」來鎖定人體中這些對健康有害的細胞，並通過向血管發送能量，包括紅外線信號、無線電頻率、聲脈衝或磁場，以影響、干預佩戴者的健康狀況。

　　這頓時讓筆者想到搜狐張朝陽在2014年世界互聯網大會上説的一句話，「未來人類或將永生」。谷歌治癌手環會不會成為締造這傳奇的「神來之手」，它到底又會給人類帶來什麼？

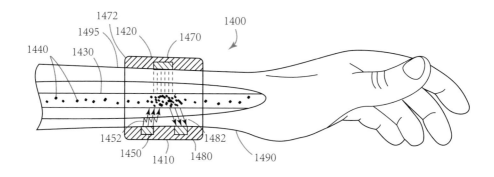

可穿戴醫療產業將被引爆

如同之前谷歌眼鏡引爆了智慧穿戴產業一樣，谷歌這次所提交的專利資訊將進一步引爆智慧穿戴產業的核心，也就是健康醫療。

越來越多的產業已認識到智慧穿戴將會成為物聯網時代的一個關鍵點，不同的企業嘗試著從不同的路徑進入智慧穿戴領域，包括傳統的科技公司、時尚公司、鐘錶公司、通訊公司等，基於各自固有經驗的角度形成了對智慧穿戴產業的理解，並推出了相關的產品。

這些產品正是我們今天所看到的，手環、手錶、內衣、衣服、褲子、鞋子、襪子以及各種看似與智慧穿戴並無強烈關係的奢侈品也紛紛出來為智慧穿戴站台。但現實處境中，消費者為智能穿戴埋單的熱情似乎並不高。

而在筆者看來，當前有兩條路徑是比較現實的，一是與時尚結合的輕智慧穿戴。

筆者之所以定義其為「輕智慧穿戴」，原因是在當前產業技術階段中，時尚類產品的結合很難為使用者提供真正意義上智慧穿戴的有效價值資料服務。

因此，更多的是以時尚為主、智慧為輔這樣的路徑，讓消費者付錢的關注重點在時尚上而非智慧上，這當然也是創業者能在智慧穿戴產業浪潮中活下去的一個不錯的方向。

二是谷歌最新的專利方向，就是深度挺進可穿戴醫療領域。這個領域不存在所謂的智慧穿戴產品無痛點和剛需一說，只要我們想好好地活著、只要我們想活得好一點、只要我們想活得久一點，我們就必須借助於這類可穿戴設備。

當然，這個領域與娛樂可穿戴設備、金融可穿戴設備、社交可穿戴設備、運動可穿戴設備、時尚可穿戴設備等都有著明顯的差異，其進入門檻相對較高且專業。

對於醫療可穿戴設備，首先是基於醫療，專業的醫學知識才能建立有效的演算法模型；其次是硬體的技術方案與零部件的技術性能，以及軟體與醫院系

統的結合。

未來人類或將永生

谷歌這次被挖出來的專利到底預示著什麼呢？如果說谷歌眼鏡是為了讓智慧穿戴從科幻片中走出並走入大眾視線，那麼谷歌智慧手環則是為了真正讓大家明白智能穿戴的內涵。

技術原理這個話題我們後續再專門與大家討論，就其專利中顯示對醫療所產生的變革足以影響這個時代。

最關鍵的是，谷歌智慧手環告訴我們不要再去扯那些手機與智慧穿戴之間的事情。筆者很早就說過智慧穿戴幹掉手機那只是時間問題，並且未來的重點一定是在智慧穿戴上。

如果說移動互聯網時代的重點是手機，那麼物聯網時代的重點一定是智慧穿戴。筆者認為可穿戴醫療這個產業將會被激發，不論是媒體還是資本的關注都將會轉向可穿戴醫療這個產業，包括一些體內可穿戴設備，比如奈米機器人等對抗、治療癌症的技術。

最後，還是借用張朝陽的話來作個總結，那就是未來人類或將永生。尤其是面對谷歌智慧手環專利的爆料，可能人類距離永生或者滅亡，都僅一步之遙。

微軟智慧手環成功的三個關鍵要素

在大家看來基於智慧手環的可穿戴設備似乎進入了同質化的死胡同時，對於一些創業者而言好像只剩下一條價格戰的路可以走。其實筆者對於現階段可穿戴設備產業的價格戰一直持保留態度，因此也曾借微軟智慧手環脫銷①的事件寫了一篇〈微軟智慧手環脫銷帶來的商業啟示〉，其中就明確提到不要搞價格戰。

如果不搞價格戰，那麼我們到底怎麼生存呢？或許很多人認為智慧手環已經處於同質化的階段，或者說難以再創新，至少在微軟手環脫銷之後還是有很多人停留在這樣的認識上。但在筆者看來，就以智慧手環而論還是存在著諸多的創新空間與機會。

微軟逆勢來襲推出了可穿戴設備，並且選擇最為平凡的手環形式進行表達，同時一舉脫銷，這足以引起我們對商業化的思考。從業內技術層面來看，微軟的智慧手環實際上並沒有新奇的技術，甚至可以說是非常平凡的技術，比如監控心率、步數、卡路里消耗、睡眠品質等。如果非要找創新點的話，通過Cortana語音助理進行筆記記錄及日程提醒，可以說是微軟手環的一項獨特技術。

但從銷售價格方面來看，跟中國國內的產品似乎不在一個等級上，是中國國內同類產品的2～4倍。同時從市場銷售的表現結果來看，顯然高價的微軟智慧手環相較於低價的國產手環更暢銷，這在筆者看來微軟智慧手環的成功主要歸結於以下三方面關鍵要素。

① 脫銷：意指產品賣光光，銷售一空。

簡單的功能做到極致，提升用戶體驗

也就是説對於可穿戴設備這一使用、延展空間比較大的產品而言，在目前產業鏈並不非常成熟的情況下，如果能將一些看似簡單的功能，比如運動量監測，或者心率監測等，哪怕是一項功能做到極致，都將會獲得市場認同。這些看似簡單卻極致的功能，至少可以給用戶帶來兩方面的觸動：一方面通過精準的監測為用戶提供並建立起可信賴的使用體驗；另一方面也是最關鍵的，就是通過精準的監測資料為用戶提供改進、指導意見。

品牌，建立了消費者信賴

這是不可回避的問題，微軟智慧手環能夠脱銷的另一個關鍵原因當然跟它叫微軟有直接的關係。目前中國國內可穿戴設備領域的創業者們對於品牌意識相對薄弱了一些，品牌並不是簡單的行銷包裝，而是一種責任。也就是説，一個企業品牌的影響力越大就意味著如果其對產品出現不負責任的行為所帶來的負面影響也將越大，或者可以理解為其犯錯所付出的代價是巨大的。很簡單的雙鹿的三聚氰胺、雙匯的瘦肉精等事件。一旦你成為品牌，並且知名度很高，這種品牌知名度就會成為一把雙刃劍架在企業的脖子上推動著你規範、自律。同時，這也是消費者信賴度建立的一個關鍵要素。

設計，提升了產品附加價值

這對於可穿戴設備以及智慧硬體而言至關重要。不論是外觀設計還是介面交互設計等方面，顯然微軟的更勝一籌。第一方面是設計可以提升視覺美感；第二方面是設計能夠最直接地改善用戶佩戴、使用的舒適度；第三方面是設計能夠直接有效地讓使用者在產品以及介面交互使用過程中體會到內涵。

當然還有其他方面的一些要素，但在筆者看來這三方面是關鍵要素，也是決定產品在硬成本之外的價格與價值高低的核心要素。

智慧眼鏡

谷歌新品Project Soli
是在重走谷歌眼鏡的老路

　　谷歌I/O大會上展出了一款可穿戴設備—Project Soli。這項技術是來自Google的顛覆式創新，是一種60GHz毫米波技術。也就是說，我們要控制設備，不論是手錶，還是平板，抑或是手機介面，都將不再受制於螢幕。不再需要通過接觸觸控式螢幕來實現觸控，借助於脈衝雷達波，可以在任意空間捕捉用戶的手勢，實現對設備的控制。這也就是我們平常所說的體感交互，而現在谷歌在其中應用了更為精準的新技術。

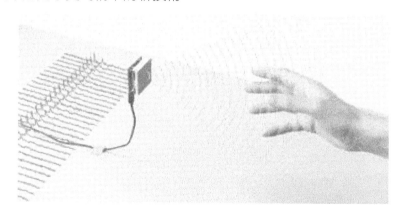

　　目前，就單一的體感交互技術而言，已經在部分領域得到了一定規模的應用，尤以遊戲娛樂領域為甚。主要有兩方面的原因：一是螢幕與體感交互的空間比較大；二是對於精準度的誤差值要求相對比較寬鬆。而若應用於智慧手

錶、手環或者眼鏡類產品，由於設備本身的形態較小，對於靈敏度和精準度的要求顯然就與當前遊戲娛樂領域的技術要求不在同一層面上。

現在制約智慧手錶類產品發展的要素中，除續航等問題之外，最關鍵的一個就是用戶的交互體驗感受。由於螢幕偏小，在當前的螢幕觸控技術下，難以有效地識別一些精細的觸控動作。包括蘋果AppleWatch在內，儘管它在螢幕的觸控交互上使用了很多先進的技術，但還是難以滿足被大螢幕手機「慣」壞了的用戶。

而在語音交互、虛擬現實等可穿戴設備的核心技術還未完全成熟的情況下，依賴於當前螢幕，並借助於觸控技術來實現對設備的控制，顯然是目前比較理想的選擇之一。那麼，如何擺脫螢幕「小」的限制，精準地捕捉與識別手指的活動，也就成為當前智慧手錶交互場景面對的一大挑戰。而Project Soli，在當前的技術環境下，可以說是擺脫螢幕限制而帶來的使用者交互體驗困境的一種有效技術手段。

那麼問題來了，谷歌為什麼要拋出這項技術？從通常的商業競爭邏輯來看，比如蘋果要推出Apple Watch，它採用了很多不一樣的「先進」技術，在這個過程中必然會盡最大可能做好技術的保密工作。而谷歌卻反其道行之，將這些「先進」的技術提前給劇透了，難道是谷歌為了推動科技進步而無償地貢獻自己砸重金研究的技術成果嗎？

顯然不是。可以說，谷歌拋出這項技術的目的，其實和谷歌眼鏡一樣，並沒有想通過將這些技術產品化、商業化之後來賺錢，而是引導可穿戴設備產業的發展。唯一不同的地

方在於谷歌眼鏡的出現引爆智慧穿戴產業；Project Soli則更多的是引導智慧穿戴的產業技術方向。

為什麼這樣說呢？原因就在於谷歌希望借助於谷歌眼鏡引爆智慧穿戴產業，然後圖謀物聯網時代的大數據搜尋平臺。結果呢？產業是爆紅了，產業鏈與產業技術方向卻迷失了。因為對於一個新興產業而言，沒有技術累積的經驗，也沒有技術參照，此時大部分的人就會根據自己以往的技術經驗與產業認知來探索智慧穿戴產業。

而這樣的結果就是我們今天所看到的產業局面，整個智慧穿戴產業陷入了困境，不論是智慧手錶、手環、衣服還是鞋子等，都只是對現有的技術層面進行跨領域組裝。其中最典型的就是智慧手錶，可以說大部分的人都在延續著智慧手機的思維，做迷你版的類手機產品。

要想讓智慧產業突出重圍，並讓我們儘快地進入智慧穿戴時代，除了形成產業鏈之外，其中一個很關鍵的要素就是產業鏈技術的發展路徑要正確，要按照新產業特點進行技術研究。

而這其中交互技術的創新，對於當前穿戴產業的從業者們來說，是直接關系到用戶體驗，甚至是關係到當前產業「生死存亡」的大事。

作為物聯網時代大數據平臺的谷歌，面對當前的產業困境，必然不會坐視不管。它拋出這項技術可以說是意料之中的事情，正如之前的谷歌眼鏡一樣，借助於新產品、新技術的引爆，吸引更多的資本、人才來共同推動這些新產品、新技術的發展。

谷歌之所以又是奉獻系統平臺，又是奉獻技術地忙活，關鍵原因就在於只有產業的發展步入了正軌，只有真正進入了智慧穿戴時代，谷歌為我們所奉獻的系統平臺才能真正為它貢獻大數據價值。可以說這只是谷歌的起點，未來還會有更多的智慧穿戴產業技術拋出。

谷歌帽子版眼鏡劍指可穿戴商業化進程

據國外媒體報導，谷歌已經獲得了將谷歌眼鏡嫁接到帽子上的專利。專利圖顯示，該設備由一個帽子連接器和顯示部分組成；顯示部分利用磁力吸附在帽子上，可以移動到不同的位置，也可以進行不同角度的旋轉。

谷歌眼鏡生得偉大

從谷歌眼鏡誕生，並以實際應用產品進入公眾視野的那一刻起，整個可穿戴產業的命運似乎就開始隨著谷歌眼鏡跌宕起伏：從最開始的被大家寄予厚望，到後來引發的各種「吐槽」、爭議，甚至演變為抵制。但不論媒體或消費者怎麼看待，谷歌眼鏡作為可穿戴設備新時代開啟者的地位毋庸置疑，可謂生得偉大。

其實，當前的谷歌眼鏡，無論在技術、形態還是交互等方面，都可以說是一款非常精細的產品；在硬體與軟體層面，可以說都做到了幾近「極致」的體驗效果。即便如此，谷歌眼鏡在商業化道路上還是沒有很好的推廣，這一方面與其原先的戰略意圖並不在於銷售產品，而在於引爆產業有關；另一方面則是由於應用場景中的大數據缺失，不能有效支撐谷歌眼鏡的價值發揮。所以現在在很多人眼裡，谷歌智慧眼鏡失敗了；但在筆者看，其實不然。

在智慧眼鏡被谷歌從它的X部門拿出來時，並不是以模型的方式，而是以實際可使用的產品形態出現在我們面前。而在谷歌將智慧眼鏡展示出來之前，公司內部已經經歷過無數次的失敗。從關於智慧眼鏡的一個idea，到最初如同原始電腦一般笨重到讓人無法佩戴的成品，然後經過N次的更新升級。而在這個過程中，每次的更替還不一定都會成功，也不一定都有大的跨越，更多的可能只是一點點的小進步。但谷歌一直沒有放棄，而是用超過一般企業家的毅力支持

著這個「夢想」的發展。

我們之前看到的這款谷歌產品，只是谷歌在智慧眼鏡這個專案研發過程中的一個版本而已。而在那個時間點，谷歌向全世界宣布並展示了這款智慧眼鏡產品，只是基於其對整個科技發展趨勢的判斷，也就是物聯網的時代即將到來，智慧穿戴產業將會進入風口期。於是順勢而為推出谷歌智慧眼鏡，一方面引爆產業，另一方面進行商業級的實際測試。

谷歌眼鏡的戰略意圖

從最初進入普通消費級市場進行測試，包括在媒體、教育、社交、影視等領域的探索；之後在遠端醫療，包括開放英國市場進行試用，到最近在企業級領域的應用探索等行為來看，谷歌其實一直在為智慧眼鏡尋找一種最佳的商業化方式。

與之前在X部門的不同在於，之前谷歌一直憑藉其內部的優秀科學家對產品的「完美」構想與追求進行更替。但是，要想實現顛覆性的商業化價值，還需要對產品進行實際應用場景的探索，一方面可以借此清晰地知道谷歌眼鏡涉及顛覆的領域有多寬；另一方面能夠知道在這些不同場景、領域的

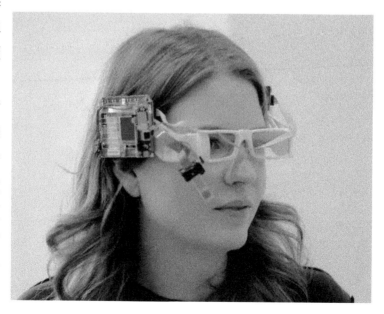

顛覆過程中，其產品所要滿足的技術要素有哪些。

　　我們當前看到的這個谷歌智慧眼鏡的最新專利，正是基於之前谷歌眼鏡在市場上的測試所更替出來的最新版本。如果說之前的谷歌眼鏡在形態上受到了「眼鏡」的局限，讓一些並不喜歡佩戴眼鏡的人群難以接受這樣的形態，那麼這次的改進則是讓智慧眼鏡化「有形」於「無形」，以便讓更多非眼鏡佩戴偏好者也能愛上可穿戴設備。

　　作為可穿戴設備產業的引路人，谷歌深刻地明白：基於眼鏡的可穿戴設備應用場景與商業價值將遠超當前的智慧手錶、智慧手環。也就是說，在可穿戴設備產業中，當前最爆紅的智慧手錶或者智慧手環其實是應用場景最小的一類產品，智慧眼鏡、智慧服飾將會是接下來體外可穿戴的一個重點爆發市場。尤其是隨著新谷歌公司架構的誕生，必將進一步加速智慧眼鏡產業的爆發；同時還將吸引更多的創新力量進入，共同搭建應用場景與大數據平臺，促進整個可穿戴設備產業的商業化進程。

# 智慧服裝

智慧打底褲將引爆智慧服飾新藍海

在這個碎片化的時代，人們逐步失去了耐心，更多的是基於表面現象來做出判斷，也就是透過視覺來建立認知。男女之間的相互審美已經有了比較明顯的變化，尤其是男性對於女性的審美已經從過去的內在美轉向視覺美，即更在意女性的臉蛋與身材。這也催生了美容、塑型、整形、瑜伽等產業的發展，「減肥」已經成為了百度的搜尋熱詞。

減肥目前正在成為大部分女性奮鬥的目標，隨之而來的困擾一方面是在選擇衣服的時候由於體型尺寸的變化而導致選試的困難，尤其是對於網購的女性來說，獲得自身精準的體型尺寸非常關鍵；另一方面則是由於無法時刻掌控體型變化的資料，而導致對飯食缺乏管理。

不過，這些問題在智慧穿戴時代中都將不是問題。隨著智慧服裝的興起，人體的各種體徵資料都將通過衣服來獲取，並且能隨時隨地呈現給用戶。日前一款名為LikeAGlove的智慧打底褲出現了，它與當前的可穿戴設備不同，並不是側重於運動保健，而是側重於滿足女性的「愛美之心」，也就是對於女性體型尺寸的準確測量。

LikeAGlove 是條什麼褲

LikeAGlove是一條長款的打底褲，借助於在褲襠位置安裝感測器和傳導光纖來度量出女士的體型數據。之後借助於這些資料就能夠大幅縮短女性在購買

服飾時為尺碼的問題而糾結的時間。不過從目前LikeAGlove這款產品本身來看還存在著一定的局限性，其所獲得的尺寸只適用於牛仔褲，並不支持用於其他服飾的選購。

LikeAGlove打底褲主要是針對網購用戶而設計開發的，工作原理非常簡單，只要用戶穿上LikeAGlove，按下表面按鍵，相關的網路購物平臺接入了LikeAGlove的應用資料後，就能夠自動在網路購物平臺中搜尋出相關符合該用戶尺寸的款式，並且會根據測量體型的資料自動做精準度的優先推薦。

LikeAGlove 褲子將引爆智慧服飾新藍海

智慧服裝產業的潛力遠大於當前以手錶、手環為載體的可穿戴設備，不論是從運動保健，還是一些專業領域的訓練來看，都是真正意義上的智慧穿戴產品，且可以借助於智慧紡織材料讓智慧融入無形之中。筆者曾在〈智慧服裝:引爆2016智慧穿戴新發展〉一文中做了闡述，這裡不再討論。

從目前已經商業化的智慧服飾產品來看，主要圍繞著智慧胸罩、智慧內褲、智慧背心或者是一些特殊領域訓練使用的智慧服飾。但從LikeAGlove褲子這款產品中我們可以看出一個重要的商業機會，就是圍繞著女性的「減肥、塑

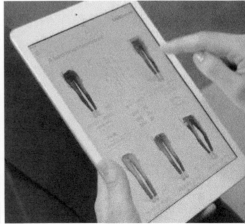

型」來展開，在產品功能方面聚焦於體型的資料化監測上，剔除繁雜的心率等監測功能。

以女性的體型監測為核心，一方面即時測量相應資料提供給使用者購買服飾時使用，另一方面則是通過對體型尺寸的變化監測來提醒用戶控制飲食。當然，更關鍵的是借助於這種內衣型的智慧服裝可以精準地監測出體型的哪個部位發生了哪些變化，並借助於後臺的大數據給予使用者相應的調整建議，比如控制某方面的飲食，還是加強某方面的運動，或者是某種方式的運動，這類側重於視覺美的智慧服裝類產品將會是一個新的藍海市場。

不論是對於傳統的服飾企業而言，還是對於創業者而言，這種智慧化的實時監測，能夠根據使用者的需要即時提供相關監測資料與改善建議的視覺美產品，不僅具有顛覆性，同時還蘊藏著一定的價值元素，是一個值得關注與進入的市場。

Hexoskin高科技T恤追蹤使用者活動——
可穿戴設備即將發力的市場

　　關於可穿戴設備，很多人將其定義到智慧手錶或者眼鏡上，其實這只屬於可穿戴的冰山一角。筆者在《智慧穿戴改變世界——下一輪商業浪潮》一書中，對可穿戴設備在各種領域的應用以及相關的產品做了介紹，其中一個方向就是智慧穿戴衣服。

　　加拿大一家名為Hexoskin的創業公司，最近開發了一款集成生物感測器的T恤，主要針對經常參加體育鍛鍊的用戶，監測其運動過程的各項資訊。根據該公司介紹，這款T恤集成有多種感測器，每分鐘能收集42000個資料。這款T恤配有一根USB資料線，通過USB埠進行充電。另外，它還有配套的iOS/Android應用，分析用戶的身體狀況以及運動成績。目前，Hexoskin只在美國市場銷售這款T恤產品，價格高達399美元(約合人民幣2455元)。

　　隨著環境的不斷惡化，人類對於自身健康狀況越來越重視，更多人希望能夠對自身的健康狀況有個即時、科學的管理。

　　服裝是我們每天必然會穿戴的物品，如果在服裝中加入感測器，讓我們的著裝不僅是一種時尚的表現，更是一種健康的管理工具。筆者認為這種跨界將會是一種趨勢，並且在目前

的技術階段，這種貼身的感測器監測以及資料獲取方式，相對於腕錶的健康數據採集更加精準、細緻。

筆者認為大家對於可穿戴的關注不能局限於腕錶，Hexoskin的高科技T恤至少給我們帶來幾個方向。

① 細分。以健康監測為主的可穿戴服飾市場將大有可為，例如針對於運動員的市場、針對於白領的市場、針對於嬰兒的市場、針對於馬術的市場、針對於高爾夫的市場等。

② 內衣。尤其是對於亞健康人群，時刻監測其心率、體溫、運動量、睡眠等；另外，對於老年人的內衣，側重於資料的遠端應用，對接子女、老人護理機構。這屬於老年保健市場，比腦白金的實際價值要大很多。廣告語可定位為「今年過節不送禮，送禮就送保健衣」，市場潛力巨大。

③ 外套。重點應用於對外部環境的監測，比如在外套上加入溫度、濕度、PM2.5等影響人體健康的外部環境，這種跨界將改變傳統服裝的價值。

因此，筆者認為一些智慧硬體的創業團隊或許可以從服裝的智慧穿戴入手，看準一個目標使用者群體，為這些人群解決一些實際問題或者改善一些實際需求，將大有可為。

2-5 其他

一只能檢測性病的智慧安全套

日前，一款名為「STEYE」的安全套在智慧穿戴領域浮出水面。STEYE由英國伊爾福德以撒牛頓學院的三個14歲孩子所發明；通過感測器技術實現了對某些特定性病病毒的識別，並且可以根據不同的病毒細菌變化自身的顏色。這款智慧穿戴安全套的出現，將給可穿戴設備帶來新的市場機遇，並進一步推進其發展。

生育保健類智慧穿戴市場將成新藍海

伴隨著智慧穿戴設備從醫療器械向成人用品領域的延伸，將激發生育保健方面市場的爆發。緊隨STEYE智慧安全套之後，勢必將有更多的智慧成人用品，如驗孕棒、排卵檢測、精子檢測等產品問世。而這些智慧穿戴設備相比於當前的運動追蹤類產品，更具剛需特性。尤其是帶有自診斷功能的生育保健類智慧穿戴產品，可以為用戶提供預診或相關指標的自我監測，從而在一定程度上解決用戶「有病沒病」都往醫院去排隊的困擾。基於此，我們有理由相信：

生育保健類產品將成為智慧穿戴領域接下來的一個藍海市場。

進一步拓寬消費者對智慧穿戴設備的認知

目前，消費者對於智慧穿戴的認知還處於比較模糊的階段，通常的理解甚至還停留在谷歌的智慧眼鏡上。但谷歌眼鏡到底在現實生活中有什麼用並不清晰。儘管智慧手環、智慧手錶、智慧家居類的智慧穿戴產品對於建立消費者認知有一定的幫助，但相對還比較局限。而隨著可穿戴醫療與可穿戴保健類產品的不斷推進，消費者將進一步拓寬對智慧穿戴設備的認知，並加速其概念普及，畢竟這類產品能讓使用者擁有更深的使用體驗。

擺在 STEYE 商業化道路上的問題

STEYE的出現，開啟了智慧穿戴設備應用於一些未知病毒或愛滋病檢測的先河，對於行業發展可謂意義非凡，其價值市場更不容小覷。但是STEYE要真正進入商業化應用，可能還需要解決以下幾方面的問題。

① 產品的使用安全性問題。畢竟這個智慧安全套與一般的體外智慧穿戴設備不同，它是深入體內接觸的產品，如何保障感測器在使用過程中不出現脫落，不對人體造成潛在的使用安全風險，將成為消費者首要關心的問題。

② 價值與價格方面的問題。就單一的檢測功能而言，消費者或許通過一次性試紙、可重複使用的智慧檢測棒，就可以達到目的。而加入了感測器的智慧安全套，無疑將會給產品成本帶來不小程度的增加，消費者是否願意為這項技術埋單還是個問題。

Chapter 3

談技術──決勝數據，
產業鏈商機無限

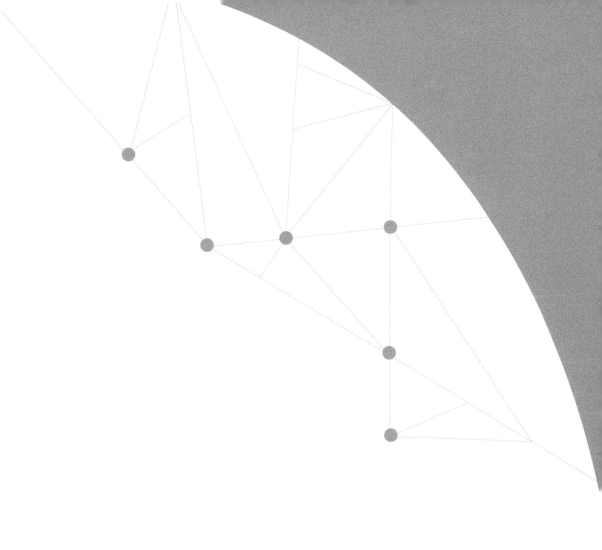

在物聯網時代，智慧穿戴承載著人與「機」之間的「溝通」，並扮演著物聯網控制中心這樣一個角色。正如電腦與智慧手機產業在技術升級過程中，產品不斷迭代更新一樣，智慧穿戴產品也進入了快速迭代的過程。

3-1 專利技術

Google新專利引導智慧眼鏡進化之路

　　智慧眼鏡可謂整個可穿戴設備產業中最受關注的產品形態之一。最近谷歌又公布了其在智慧眼鏡方面的新專利，主要是側重於用戶使用體驗方面的改進。其最新的一項專利是關於實現鏡片的自我調整功能，這項功能將在一定程度上改變戴眼鏡人士的生活。這項最新專利闡述了一個眼鏡系統，就是能夠根據用戶的活動情況對智慧眼鏡的部分框架進行自動調整，谷歌也努力將這項技術應用於新一代的智慧眼鏡中。

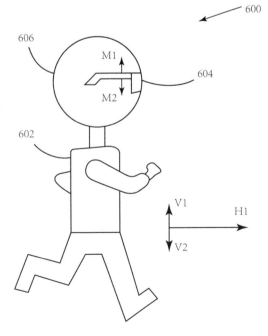

　　結合之前谷歌關於智慧眼鏡方面的一系列專利，包括一項專利代碼為US PatentD710,928 S的新專利，谷歌一直在為智慧眼鏡的普及而奮鬥。可以說，當前的谷歌眼鏡只是起點，並不是智慧眼鏡承載的終極表現形態。谷歌真正想表現的智慧眼鏡載體就是化「智慧」於無形之中，當然這需要一段時間的進化，包括整個產業鏈的技術。

　　可以說，當前熱映的《不可能的任務5》中所出現的智慧眼鏡就是谷歌外戴式眼鏡的終極表現形態。儘管從目前來看還需要一段時間的路要走，但相較於電腦的初期階

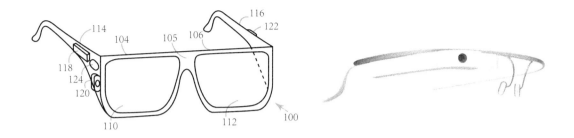

段，今天的可穿戴設備從一開始就已經有了非常不錯的表現。至少從谷歌眼鏡的表現來看，其在公開進入市場的時候並不像曾經的電腦時代以一種非常笨重、專業的形態出現，而是以一種可以佩戴、做工精細、體積輕巧的商業化應用型產品形態出現。

可以預見，谷歌眼鏡正走在不斷進化演變的路上，這也是當前所有可穿戴設備的一個共性發展階段。我們不必為谷歌眼鏡的明天擔心，其不斷發布的新專利透露給我們的不僅僅是關於其智慧眼鏡的發展動向，更重要的是智慧眼鏡以及整個可穿戴設備產業的技術發展方向。

在整個物聯網時代，或者說智慧穿戴時代，包括人與萬物在內的一切「智慧」都將會以一種「無形」的方式存在於我們身邊。或許今天的智慧設備並沒有達到用戶的預期，總是存在著各種層面的不足，但這與其他所有的產業一樣，都是產業發展過程中的必然發展階段。因此，只要我們給予可穿戴設備產業更多的支援與包容，可穿戴設備將會不斷地給我們帶來新的驚喜，至少從谷歌眼鏡不斷發布的專利中就能看到智慧眼鏡的美好明天。

蘋果曲屏專利曝光或用於可穿戴產品

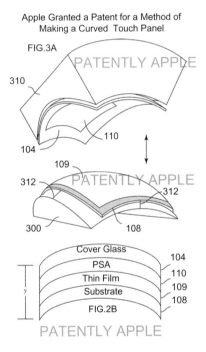

Apple Granted a Patent for a Method of Making a Curved Touch Panel

FIG.3A

此前美國專利和商標局官方發布的關於蘋果最新系列商標的公告顯示，蘋果所申請的商標多達48個。這其中包括一份非常值得大家關注的專利資訊，就是蘋果關於製造曲面觸控式螢幕的專利。

而就蘋果曲屏的專利描述圖可知，FIG.3A是一個彎曲複合柔性基板覆蓋表面的示範系統，是一個使用輕薄柔性基板組成的感應曲面觸控板。其彎曲的覆蓋面(104) 沿兩個軸彎曲，覆蓋的表面有著多種曲率、多種角度，可以沿著一個或多個軸使用。

另一個專利FIG.2B則描述了一個恒壁觸摸感應面板。儘管蘋果對於這項專利的詳細描述區域表明這個曲面螢幕將應用於未來的iPhone，但蘋果最終會如何使用我們很難在此下定論。不過可以肯定的是，蘋果的這項曲屏技術一定不會只限於iPhone產品的使用。

在筆者看來指向可穿戴設備的可能性比較大，也就是說這個專利最大可能性的應用將會是可穿戴產品。儘管目前蘋果發布的第一代Apple Watch沒有使用該專利，但不久的將來蘋果Apple Watch在螢幕技術上一定會使用曲屏或者柔性技術，當然也有可能跨越傳統螢幕而直接使用虛擬現實技術。

還有一點不可忽視的就是蘋果的可穿戴設備在未來更多的交互將會是基於語音交互實現，其語音智慧一直是一項不可忽視的技術。

谷歌推Physical Web
給可穿戴設備帶來了另一個藍海

　　隨著物聯網概念的普遍化，智慧硬體呈現爆發式增長已經是一個不爭的事實。但現實中，隨著智慧設備的發展，我們似乎面臨著一個尷尬的局面，就是智慧與繁瑣。一方面我們大力發展智慧設備，希望借助於智慧化給人類生活帶來便捷；另一方面隨著每個智慧設備的誕生，都會附送一個不得不裝的APP，從而實現操作、互動。而有些APP我們甚至一年才只使用1、2次，手機裡滿螢幕的APP給我們的生活增加了繁瑣。

　　面對這一局面，日前互聯網巨頭谷歌發布了一個新的開源專案代碼，名為The PhysicalWeb。這個專案的目的是希望通過網路位址URL的形式，建立起不同智慧設備之間的互聯操作。筆者用簡單的一句話來表達谷歌的想法就是：以後大家只要安裝一個谷歌Physical Web就可以實現對所有智慧設備的控制、操作和互動，而不需要為每台智慧設備下載專用的APP。

　　對於谷歌的這個專案構思，筆者查閱了相關的資料，發現這個專案只是谷歌對外提出的一個構思。這也就讓我們看到了谷歌對這個專案採取公開開源代碼的方式，就是希望更多的開發者或者智慧設備的開發者關注，並參與，以此推動該專案的發展。

　　不論谷歌幹什麼，那是它在矽谷幹的活，就算成功了，賺的錢也是分給美國股民，跟我們沒有半毛錢關係。而對我們來說重要的是搞清楚谷歌的這個探索，與我們中國企業有什麼關係？我們能從中看到什麼趨勢與機會？這就是筆

者主要想跟大家探討的。

　　谷歌推Physical Web給可穿戴設備帶來了另外一個新藍海，主要有以下幾個方面：

① 對於可穿戴設備而言，目前制約與影響其爆發的原因之一是系統平臺與APP應用。而目前系統平臺的搭建基本在美國的三大巨頭手上，分別是谷歌、蘋果、微軟，但韓國的三星、LG已經在可穿戴設備的系統平臺搭建上進行嘗試。而可穿戴系統平臺的搭建是整個可穿戴設備生態圈中最核心，也是最具價值的部分。筆者用不是很恰當的話形容，做硬體就是賺賣白菜的錢，而做平臺系統則是賺將白菜變成泡菜的附加值的錢。當然目前筆者在國內看到可穿戴設備這個行業，大家都在努力種白菜、賣白菜，還沒有團隊將重點放在製作泡菜上。

② 就是谷歌Physical Web這個專案的探索。隨著可穿戴設備介入的領域越來越多，介入的企業越來越多，不同的企業、產品都有一個APP，並且沒有統一的標準。而對於創業團隊來說，UI工程師幾乎是不可或缺的配置。這一方面給創業團隊增加了成本壓力，另一方面由於缺乏專業經驗的累積，所設計的APP操作介面並不能給使用者帶來愉悅的體驗。

　　因此筆者有一個思考，就是一些團隊可以專注於做APP的開源專案，然後給不同的可穿戴設備企業應用。一個APP，統一的標準，應用於不同的可穿戴設備操作上，然後通過開放不同的埠接入不同的可穿戴設備。

　　這可以推動可穿戴行業朝著更加規範的方向發展，同時促使可穿戴行業分工更加細化、專業，產業鏈更加高效、合理。更重要的是可以降低用戶使用可穿戴設備的學習成本，提高用戶的使用體驗。谷歌推Physical Web專案，其技術方式或許不是最合理的，但這個理念是正確的。這不僅給可穿戴設備帶來了另一個新藍海，也將是智慧硬體設備的共同藍海。

3-2 前沿技術

虛擬實境的新藍海在旅遊業

「世界這麼大，我想去看看」這一潮語鼓動中國，刺激旅遊表現出強勁
的發展潛力。

傳統旅遊境況堪憂

龐大的旅遊大軍，昭示著中國旅遊業的勃勃生機。但是繁華的背後，我
們看到的卻是中國傳統旅遊悄然走入困境。

① 幻景宣傳惹人醉。依稀記得，源自Arquitetura Sustentável網站的照片刷
屏朋友圈，一條〈世界著名景點原來是這樣（再也不相信照片了）〉的帖
子，帶大家領略了世界著名景點的另一面。那些原本驚豔得無與倫比的美

景，瞬間讓人大跌眼鏡：純白色的大理石建築，用玻璃、瑪瑙鑲嵌的泰姬陵如幻境一般，實則不遠處卻是垃圾泥濘地；4300多年前的英國巨型建築一巨石陣，頗具人類未解之謎的神秘光環，實則只是迷你的彈丸之地……讓人除了感歎攝影師的技術高超了得之外，估計也只是剩下了無限意外。

無獨有偶，中國國內亦不乏被宣傳得天花亂墜的「人間仙境」，一旦親臨現場，嘗盡的卻是別樣滋味。「七十二廟宇匯於一城」的台兒莊古城，涉誤導遊客之嫌；更有某些景區舉辦地方特色小吃，竟將北京、上海、南京等地很知名的小吃，通過編故事的方式，全都說成了自個兒的，頗讓人有點「丈二金剛摸不著頭腦」的感覺。

由此以來，傳統旅遊業鑒於地域、環境等方面因素的限制，在很大程度上存在著資訊「不透明」狀況。而利用了這種資訊「不透明」，加之過度行銷包裝，就讓遊客在未親臨之前很難做出全面的瞭解與判斷，「忽悠」成了在所難免。

② 景點品質難以企及門票價格。據不完全統計，中國5A級景區中門票價格大多已過百元，部分甚至超過300元；更有不少景區通過打包的方式加價，一兩個5A級景點加若干不知名的小景點，以聯票形式強迫向遊客銷售，價格最高可趨近500元。例如，綿陽市北川羌城旅遊區聯票是465元，金華橫店夢幻谷聯票為430元。而黃山風景區，官方公布價格為230元，但如果加上索道纜車，整體價格達到了550元。

500元一張的景區聯票，占到全國居民人均可支配收入的2%，該比例遠遠高於國外的景區。用這筆錢把法國羅浮宮、美國黃石公園、印度泰姬陵、日本富士山全部玩一遍都花不完。對此，國家旅遊局也清晰地認識到，這不但不利於激發人民群眾的旅遊消費，也不利於景區持續健康發展。因為很多時候，遊客花費了這筆錢購買門票之後，並不能充分感受到這些景點

的歷史與文化。長此以往，性價比失衡的問題必將成為重創中國旅遊及消費的一把利劍。

③ 遊客扎堆，寸步難行。龐大的人口基數，讓中國人走到哪裡都是「人員過剩」。甚至在暑期長假，即便高溫難耐，還是擋不住多少人的匆匆步伐。前胸貼後背，堪比世博會的火熱場景依然比比皆是，山水自然、遊樂園、水世界之類的景點怎一個「火」字了得。而且，大部分景點還不能有效管控人流，不論是景區或遊客都難以預測景點的準確人流資訊，這也讓遊客不約而同地「撞車」，即便在一天內，也時常出現這一時段人潮湧動、那一時段門可羅雀的情況。而這些似乎並未打擊到遊客的雅興，頭頂烈日，薰陶於大汗淋漓的體味之中，依然還能保持輕鬆愉悅，那也是一種境界。

④ 導遊問題禁而不止。在實地旅遊的過程中，還有一個也是大家不得不面對的問題，那就是「黑導遊」橫行：理直氣壯地將遊客帶到居庸關稱這就是八達嶺；遊客因沒有進自費景點被「甩客」；導遊和遊客互毆……此外，強迫購物消費、不合理低價組團、虛假宣傳誘騙消費者等，亂象比比皆是。本著尋開心的目的，卻處處餡餅變陷阱。這樣的旅遊著實讓人傷不起！但是，在諸多景點，如果沒有導遊，遊客僅憑藉景區的導視卻是很難品味出景區的個中「內涵」的。

虛擬實境，問題旅遊的出路

面對中國旅遊業發展中的種種問題，僅憑政策引導和國學道德規範顯然不能達到有效「清場」的目的。那麼，對於只是想好好地旅行好好地遊玩的我們來說，到底還有沒有一條輕鬆些的「活路」呢？答案是肯定的，

虛擬實境將是這麼一條主流出路。

那麼，概念炒了許久的「虛擬現實」，到底為何物？所謂「虛擬現實」亦作虛擬實境（Virtual Reality，VR），是利用電腦模擬產生一個三度空間的虛擬世界，提供給使用者關於視覺、聽覺、觸覺等感官的模擬，讓用戶如同身臨其境一般，可以及時、沒有限制地觀察三度空間內的事物。用戶進行位置移動時，電腦可以立即進行複雜的運算，將精確的三維世界視頻傳回產生臨場感。該技術集成了計算機圖形、電腦模擬、人工智慧、傳感、顯示及網路並行處理等技術的最新發展成果，是一種由電腦技術輔助生成的高技術模擬系統。

目前，虛擬實境技術更多地被應用在遊戲領域。但是在不久的將來，針對旅遊市場的虛擬實境技術應用，即虛擬實境旅遊或將成為旅遊業發展的真正突破口。它將讓我們足不出戶，便能身臨全世界各處而進行旅遊觀光了。

未來，你可以選擇這樣旅遊

對於虛擬實境旅遊，可能大家對Destination BC還會有點印象。這個最早利用虛擬實境技術促進旅遊業發展的企業，借助於Oculus Rift技術，製作了首個虛擬實境視頻——The Wild Within VR Experience。視頻是通過3D列印的定

制裝備攝製的。該裝備周圍安裝了7個專門的高清攝像頭，畫面的拍攝途徑包括直升機、小船、無人機和步行。

在對成品進行體驗的過程中，用戶借助於Oculus Rift頭戴式顯示器，便能將動人心魄的海洋、雨林、山地和野生動物以3D交互視頻的形式、360度全

景式呈現在眼前，恍如置身於廣袤天地，景色著實令人歎為觀止。

Destination BC的CEO瑪莎·瓦爾登（Marsha Walden）表示：「虛擬實境技術非常適用於旅遊行業……這種全新的沉浸式體驗方式將自然美景更完美地呈現出來。」虛擬實境技術接入旅行的初期可能更多的是為了行銷，為了通過這種身臨其境的前期體驗吸引更多的遊客前來，但未來的發展有可能是完全以虛擬實境的方式完成整場旅行。

顯然，虛擬實境將成為未來旅行、觀光的一個重要發展方向。但是，這並不是說人們不再需要親身旅行，而是可以借助於虛擬實境實現預覽、規劃、演示的目的，更輕鬆地制定行程和計畫。同時，也能夠讓你探索一些無法企及的目的地。而且在這個過程中，你不必再舟車勞頓，不必坐飛機，不會出現時差綜合症，不會碰上有臭蟲、睡得不舒服的酒店大床，不用給小費……你只需要幾分鐘以及一張舒適的椅子，就能夠享受到一個很酷的新旅行目的地。

未來，我們還可以想像一下基於虛擬現實條件，人們將可以在線上獲得更多真實的旅遊體驗。就像Oculus Rift的廣告所呈現的：我的腳分明還是我自己的，但當我向前一步，穿過地圖的時候，一陣暖風迎面拂來，鼓起了我的襯衫。定神一看，我正站在夏威夷的海灘上！海浪撲上沙灘，水花四濺，落在我的臉上。我剛想伸出手去撫摸椰子樹那婆娑的綠葉，腳下的沙灘陡然晃動了起來，一瞬間我就被吸入了蟲洞。下一秒，我發現自己正站在萬豪酒店奢華的大堂吧裡。

之前萬豪國際推出的虛擬旅行體驗活動——「絕妙的旅行」（Travel Brilliantly），在酒店裡設立「傳送點」，內置Oculus Rift頭盔。用戶可以通過Oculus Rift前往倫敦或是夏威夷。在這個過程中，你會覺得自己站在一個球幕電影中，四周360度無死角，甚至你的頭頂、腳下都是影像，真正實現身臨其境。另外，谷歌的虛擬歷史服務還可以帶你到世界上任何無

法深入的古跡，如完整的龐貝古城、神秘的金字塔內部等。

旅遊業將被虛擬實境極大改變

　　基於以上資訊，我們很清晰地看到：一方面旅遊產業面臨的問題日益嚴峻；另一方面新科技正在成為人們的另一選擇，並且被越來越多的企業和個人消費者所喜愛。據瞭解，國外初試水溫的虛擬實境體驗服務，已經讓一些第一個吃螃蟹的人嘗到了甜頭。Thomas Cook在英國、德國和比利時等地的十個分店中提供VR體驗服務。你只需走進店裡，戴上VR頭盔，選擇你想去的地方或者是你想購買的體驗：站在海藍色的窗簾隨風搖曳的聖托裡尼酒店的陽臺上，或者坐直升機掠過曼哈頓的城市天際線等。而根據Thomas Cook的內部資料，提供VR體驗服務後，紐約旅行專案營收已經增加了190%。

　　因此在筆者看來，當前正處於爆紅發展階段的虛擬實境產業與旅遊業的結合，將是繼遊戲之外的一個新藍海市場。而虛擬實境技術與旅遊產業的結合，目前主要在兩大市場。

① 上文所説的虛擬旅遊市場，對於大眾而言只要戴上這副眼鏡，世界就在我們眼前。可以説是哪裡想看點哪裡的一種虛擬旅遊方式，這在物聯網時代將會有很大的市場空間。

② 如筆者〈智慧旅行，從「可穿戴」起步〉一文所闡述的，虛擬實境技術與眼鏡的結合，一方面可以解決語言溝通的障礙；另一方面可以解決「私人導遊」的問題；關鍵是還可以根據遊客的偏好，借助於大數據避開擁堵，給自己一個愉悦的旅行體驗。

被低估的NFC——次世代
智慧穿戴的突圍方向

在通訊技術飛速發展的今天，各種各樣的通訊方式一方面給了產業從業者們更多的選擇；另一方面也給從業者們帶來了更多困擾，多種選擇往往會帶來選擇困難症。而諸多的通訊技術中，NFC是一項很獨特的技術，也是一項非常重要的技術，至少會成為智慧穿戴與智慧家居的一個突圍方向。

大部分人對於NFC的認知，應該是來源於科幻片，只是當時很少有人知道這項技術的具體名字。就如其他智慧穿戴技術一樣，我們從科幻片中認知到了人可以借助於一些智慧化的穿戴設備來拓展人的一些功能，但我們一直感到這離我們有些遙遠。直到谷歌發布智慧眼鏡之後，我們才意識到科幻片的場景已經在我們身邊，已經不再是遙不可及，而是觸手可及。

可穿戴設備與NFC技術的應用場景

其實NFC技術也是如此，過往我們在電影中，看到一些看起來很高級的科技動作，比如某人在過門禁、乘車、消費或者是交換名片時僅僅是刷一下手機，或者是胸前一枚小小的晶片，就搞定了資訊交換的事情。而這種看似高級的技術，其實很早就潛伏在我們身邊，只是我們一直未關注它，直到蘋果說它要借助於NFC技術進入金融支付領域時，我們才注意到這項技術的商業化意義與價值。

顯然NFC的用途遠遠不止這些，對於智慧穿戴產業而言，完全可以圍繞

NFC技術為核心來開發產品。

比如在公車站，我們可以對著站牌刷一下智慧手錶，手錶上馬上就跳出來這趟公車的到站時間，以及目前所處的位置，當然還可以顯示當前車內的乘客數量與擁擠程度；當我們走過路過，看到感興趣的演唱會時，只要抬起智慧手錶，對著海報刷一下，演唱會的時間、地點、票價等資訊就會呈現在我們的錶盤上。

這還不是最核心的武器，當智慧穿戴在智慧家居領域融合進NFC技術之後，我們可以給家事服務員一張帶有NFC技術的門禁卡，在約定的時間，用戶向門鎖發送特定的時間指令後，家事服務員的卡對著門鎖一刷就能實現開鎖。當然，在指令時間外的話就失效了。

對於智慧汽車而言，融合智慧手錶或智慧手環的NFC技術也是一件非常炫酷的事情。我們不再需要為汽車鑰匙煩惱，只要我們將NFC技術的晶片融入智慧手錶中，然後在汽車的門把手上也同樣融入配對的NFC晶片，當佩戴著這一特定可穿戴設備的用戶走近汽車時，汽車通過NFC近場配對後就會自動解鎖。同樣，當我們離開汽車後，也不再需要為鎖車門而擔心，只要用戶離開汽車的近場距離，車門就會自動鎖定。

不僅如此，我們的學生卡、員工卡等統統可以裝到智慧穿戴設備中來，借助於NFC的近場技術進行各項識別。各種公交卡、地鐵卡、購物卡之類的，直接裝到智慧手錶或者手環中來，走到哪刷到哪。尤其是POS機加入NFC的支付技術之後，

我們就可以在智慧手錶或者手環上綁定銀行卡，坐高鐵時不用再擔心身上的現金不夠補票了，抬手一刷即可搞定。可以說NFC技術能覆蓋到人們日常生活的各個層面，對於整個物聯網有著非常深刻的意義。

NFC技術的工作原理

講了這麼多，我們還是得了解一下到底NFC是個什麼神器。NFC即近距離無線通訊技術。這個技術由非接觸式射頻識別（RFID）演變而來，由飛利浦半導體（現恩智浦半導體公司）、諾基亞和索尼共同研製開發，其基礎是RFID及互連技術。近場通訊（Near Field Communication，NFC）就是這樣一種短距高頻的無線電技術，在13.56MHz 頻率運行於20釐米距離內，可以在移動設備、消費類電子產品、PC和智慧硬體設備間進行近距離無線通訊。

話說，大概在2003年，當時的Philips半導體和Sony公司計畫基於非接觸式卡技術，發展一種與之相容的無線通訊技術。飛利浦派了一個團隊到日本和Sony工程師一起閉關三個月，想修煉一個舉世技術出來。果不其然，出關之後就聯合對外發布關於一種相容當前ISO14443 非接觸式卡協議的無線通訊技術，取名NFC。

NFC通訊技術，允許智慧設備之間進行非接觸式點對點資料傳輸（目前大部分是在10釐米內）交換資料。相較於其他的電子支付方式，由於NFC是基於晶片的近距離通訊支付，因此具有天然的安全優勢，這或許會成為智慧支付設備的一個突破點。簡單點理解，如果說網銀、支付寶、微支付等互聯網金融的支付手段是基於軟體系統，那麼NFC則更類似硬體系統，其安全性顯然比純軟體要高很多。

NFC終端的工作模式

NFC終端主要的工作模式與戀人之間的狀況差不多，無非就是主動式、被動式、雙向式。簡單點說，就是男追女、女追男以及相互鍾情三種模式。

① 主動式。在主動模式下，NFC的終端可以理解為一個讀卡器，主動發出射頻場去識別和讀/寫別的NFC設備資訊。

② 被動式。這個模式正好和主動式相反，此時NFC終端則可以理解為一張卡，而不是讀卡器，它只在其他NFC設備發出的射頻場中被動回應，被讀/寫資訊。

③ 雙向式。在此模式下NFC終端雙方都主動發出射頻場來建立點對點的通訊，相當於兩個NFC設備都處於主動模式。簡單地理解就是，一台NFC終端既具有讀寫的功能，又具有被讀寫的功能。

NFC 的通訊過程如圖所示：

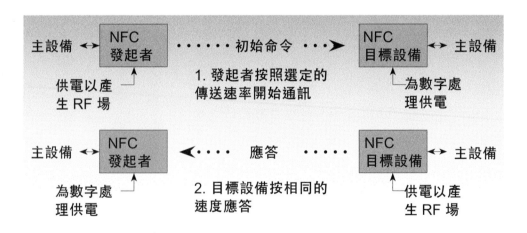

當前，我們常見的NFC工作模式基本都是被動模式。例如，刷手機乘公交、購物等，這些都是將NFC終端理解為一張卡片，即只在其他NFC設備發出的射頻場中被動回應。對於智慧穿戴設備而言，融入NFC技術並不是一件

困難的事情，而基於這樣的一種資訊交
互載體將會有效改善我們日益增加的各
種卡片生活。

　　當然，也不是説NFC技術就完美無
缺。它同樣也存在著安全隱憂，只是隱
憂相對於當前的其他技術而言要小很
多。比如，以超市利用標籤的交易支付
為例，克隆卡的存在意味著它擁有和
該超市有效標籤一樣的外觀、一樣的許可權、一樣的數據。一旦原標籤被替
換，將直接造成用戶的經濟損失。但相較於當前的任何一種移動支付技術，
NFC的安全性能可謂升級了10倍、100倍以上。

支付只是NFC的一點

　　當前最受大眾關注的，無疑為基於NFC的移動支付，但這並不是NFC技
術的全部。不論是植入NFC的手機或者是智慧手錶、智慧手環，其相對於普
通的產品而言，都具有三方面的明顯優勢。一是，加入NFC技術的智慧設備
可以當成POS機來用，也就是「讀取」模式；二是，加入NFC技術的智慧設
備可以當成一張卡來刷，也就是NFC技術最核心的移動支付功能；三是，加
入NFC技術的智慧設備可以像藍芽、Wi-Fi一樣做點對點通訊。這三方面的優
勢也正是前文所述三種模式的具體應用場景。

　　在中國內地，其實NFC技術已經漸趨成熟並日益火熱。以營運商為例，
中國移動的NFC手機錢包結合了移動、便攜等特性，將日常生活中使用的銀
行卡、交通卡、地鐵票、門禁卡等各種電子卡片應用裝在具有NFC功能的手
機中。中國電信翼支付則通過「惠加油」「惠購物」「惠觀影」「易繳費」
和「易乘車」五大優惠為使用者服務。

NFC技術在各行業中的廣泛應用，至少告訴了我們六方面的資訊。

一是與線下POS打通的應用場景與技術載體已經形成，為可穿戴設備接入支付領域做了有力的鋪墊。

二是基於手機的NFC支付的體量正在形成，所涉及的商業領域正在不斷向生活中的衣食住行方面拓展。

三是移動支付的人群正以一個非常高的速度在增長，已經不再依賴於現金或卡為支付載體。

四是基於NFC支付技術的金融交易方式在全球受到關注，或將成為一種新的金融支付載體。

五是中國移動支付正以驚人的速度增長，消費者在購物交易方式上已經發生了深刻改變。

六是基於智慧手機的NFC支付技術目前正成為市場關注的焦點，其應用領域、範圍正在進一步拓展。

而這些資料，讓我們看到了可穿戴設備在NFC支付技術領域的巨大空間與天然優勢。尤其是相較於基於手機的NFC支付，以及轟轟烈烈的二維碼支付，NFC在支付便捷與安全方面都具有無可替代的優勢。

蘋果為何選擇NFC技術

如前文所說，NFC技術儘管已存在相當長的時間，但真正被大眾認知則是由蘋果ApplePay推出讓NFC支付開始的。而實際上，在公交卡和金融IC卡的應用方面，中國早已經是NFC支付技術全球最大的應用市場。我們的非接觸式公車，其基礎技術都是採用NFC標準技術框架。

與此同時，最近幾年在整個銀行的支付體系中，我們正在完成磁卡到IC卡的跨越，而金融IC卡就是NFC的天然載體。並且與當前的「掃碼支付」，或支付寶、微信支付等協力廠商支付相較，NFC 的殺手鐧在於其安全性，這

也是蘋果選擇NFC技術作為支付技術的關鍵。

而另一方面顯然是NFC在全球普及應用的基礎商業環境已經具備，這也是蘋果借助於NFC技術切入移動支付領域的一個重要考慮因素。

當然，其最大的優勢在於布局了可穿戴設備，而一旦生物識別技術與可穿戴設備進行充分融合，並由此建立了個人的唯一識別性，那麼基於可穿戴設備的NFC支付取代掉當前的各種卡、包的支付方式，可以說將是分分鐘的事情。

NFC vs. 其他無線通訊

作為無線通訊技術的一種，既然NFC具有獨特的優勢，那麼我們還得將其與當前主流的藍芽、紅外線這兩項無線通訊技術做個對比，這樣就可以更為直觀地增加我們對於NFC技術的瞭解。

下表很清晰地讓我們看到相較於藍芽，NFC具有成本低、硬體載體安全等天然優勢，但其使用距離相較於藍芽要短很多，這對於交易支付而言更增

NFC、藍芽、紅外線技術三者對比

項目	NFC	藍芽	紅外線
網路類型	點對點	單點對多點	點對點
使用距離	≤ 0.1m	≤ 10m	≤ 1m
速度	106kbps,212kbps,424kbps 規劃速率可達 868 kbps, 721 kbps,115 kbps	2.1 Mbps	1.0 Mbps
建立時間	< 0.1s	6s	0.5s
安全性	具備，硬體實現	具備，軟體實現	不具備，使用 IRFM 除外
通訊模式	主動 - 主動 / 被動	主動 - 主動	主動 - 主動
成本	低	中	低

加了用戶的主動安全性；而與紅外線相比，其安全性與保密性則更高。

NFC在大陸當前的應用狀況

中國大陸首個手機NFC實際使用開始於2006年6月，當時由諾基亞和中國移動、飛利浦、易通卡公司在廈門試點NFC手機支付。使用者使用內嵌NFC模組的諾基亞3220手機，可在廈門市任何一個易通卡覆蓋的營業網點(公交汽車、輪渡、電影院、速食店) 進行手機支付。如今在北京以及大部分一線城市，用戶都可以使用指定的NFC手機實現刷手機來乘坐公交地鐵的功能，一些城市甚至還支持在超市餐飲上，以及其他一些小額消費的支付方面進行交易。

不僅如此，鳳凰雲科技所開發的刷刷手環，售價168元；戴上它，用戶不僅可以監測運動等健康方面的工作，還可以直接刷刷坐地鐵、公車等。可以說，目前基於可穿戴設備的NFC支付技術已經受到關注，並在一些領域被應用。儘管目前的使用範圍還比較局限，但筆者認為這或許是當前一些智慧穿戴產業從業者的一個突破方向，也就是借助於智慧手錶或手環切入移動支付領域。

基於可穿戴設備的NFC 支付在大陸發展的阻力

任何一項替代性技術的發展，必然會對當前的商業生態進行重構，在這個過程中也必然會出現來自於之前商業生態的各種阻力。同時，由於新技術在發展過程中需要探索，行業之間的規範未形成，必然會帶來各自為政的局面。筆者認為阻礙可穿戴設備NFC支付技術商業化普及的最大的阻力，將來自於以下幾個方面。

① 利益格局重塑的阻力

當前，以銀聯、支付寶、財付通等主導的支付系統，其核心就是直接

圍繞著支付這一「真金白銀」的流通管道，沒有一項商業行為比切入現金流環節來得更為直接，因此各方的博弈可想而知。尤其對於可穿戴設備產業而言，目前缺乏一些巨頭，如果僅憑創業公司的力量，不是說搞不出這些技術或產品，而是很難形成整個線下支付的生態閉環系統。

當然，另外一種可能就是由銀聯、支付寶、財付通等當前的支付巨頭主導，或是進入可穿戴設備領域，或是直接收購相關的可穿戴設備企業，從而直接轉換，這將會促使NFC在商業支付領域生態氛圍的快速形成。巨頭進入的另外一個好處，當然是大象起舞時，螞蟻將會獲益。只要基於可穿戴設備支付的這些氛圍形成，那麼各種垂直的、各種區域的細分市場就會快速形成，可穿戴設備的從業者們將能從中獲得共同分享新商業的成果。

如果這些巨頭短時間不進入以可穿戴設備為載體的NFC支付技術領域，必然會以其當前的商業生態為新技術，或者給新進入者們設置壁壘。原因非常簡單，這是真金白銀的事情，是商業命脈的事情。

但從長遠來看，不論是從與不從，基於可穿戴設備的支付都將會取代當前的各種交易支付方式，並成為商業流通交易環節的主流。

② 各自為政、相互制約

當前可穿戴設備產業之所以在商業化的道路上困難重重，其中一個非常關鍵的原因就是行業從業者們缺乏合作心態。就從最簡單的APP系統來看，不論大小廠家都希望自己搞台伺服器、自己搞個系統、自己搞個演算法、自己搞個APP，各種廠家之間互不相容，採集的資料被碎片化得毫無價值。

在可穿戴的NFC支付領域，也將面臨同樣的問題。在NFC產業鏈條下的各個廠商都在爭取自己能成為NFC技術的主導，而在這個過程中各個廠商相互制約，從而對NFC的普及造成了一定的不利影響。目前NFC技術看得見的最大蛋糕就是近場支付這一個環節，儘管在日本、韓國都已經被成功應用，但在中國，目前還處於各自為政、相互制約的這樣一種局面中。這給本身就

身份識別

票據　NFC　打卡

會籍　門禁

支付　安全登錄

物流

還未普及的新技術帶來了困擾，制約了商業化應用的普及速度。

③ 標準缺失商業基礎待完善

正如可穿戴設備產業本身的標準缺失一樣，基於可穿戴設備的NFC支付領域，其標準也處於缺失狀態。而這種標準的缺失，一方面會影響與制約行業的發展與普及，另一方面會影響公眾的信任度。同時造成資源的浪費，很難在短期內有效地搭建產業生態鏈。

因為要普及這種支付技術，必然離不開線下商業環境的支援，至少是各種商業活動的交易點都能有相應的支援設備，以支援可穿戴設備的交易支付。只有這樣，才能讓可穿戴設備真正成為未來商業交易活動的支付中心。

基於NFC技術可穿戴設備的未來應用展望

基於智慧穿戴的NFC技術不僅僅是在金融支付領域大有作為，其在整個生活與商業環節中也起著不可替代的作用。這種技術將在很大程度上改變我們的生活，以及當前的各種商業、管理方式，真正帶我們進入一個全新的智慧穿戴時代。

NFC在企業中的應用：最簡單的就是出勤及閘禁的管理，只要對著智慧手錶或者智慧手環刷一刷，上下班、出入門全部搞定。不僅如此，基於智慧手錶還可以直接看到各種工作中與我們相關的資訊，比如會議的通知與提醒、工作流程的提醒等。

NFC在城市管理中的應用：最簡單的就是城市停車管理系統，不論是商場還是路邊，只要抬起手，刷下智慧手錶就搞定了。不再需要繁瑣的人員收

費管理，有效改善與提高公共管理的水準。當然，各種發票什麼的也統統可以裝到手錶中來，要用的時候對著刷刷就過去了。不僅如此，連高鐵補票也變得簡單了，乘客不再需要為沒有帶足現金而煩惱，只要對著POS機刷刷就搞定了。

NFC在零售購物中的應用：這個幾乎就不用太多闡述了，各種交易都只需要抬起手刷刷就搞定了，不論是去商場購物，還是到自動售貨機購物，或是到餐廳吃飯。不僅如此，各種優惠券、會員卡等，統統裝到智慧手錶中來，用到的時候就自動跳出來助我們「少付錢」一臂之力。

NFC在智慧家居中的應用：這個前面講到過，融合NFC的手環，當我們到家的時候，抬起手刷一刷就搞定了，不再需要為忘記帶鑰匙而煩惱。當然，汽車鑰匙也不在話下，直接裝到手錶中來。另外，家裡的開關或者其他一些電子設備控制之類的，都可以通過抬起手刷一刷的簡單動作來實現開關的控制工作。

未來，正如智慧穿戴改變世界一樣，基於其所融入的NFC技術同樣將改變我們的生活，讓我們共同努力，迎接智慧穿戴時代的到來。

語音交互才是智慧硬體的未來

在移動互聯網與物聯網時代，產品智慧化幾乎成為一種時代的共識，似乎產品不沾點智慧的邊都已經不叫產品了。不論是與IT相關的電子產品，或是與電有關的電器產品，還是與水泥鋼筋有關的房地產，亦或是與智慧毫無相關的家具產品，諸多創業者打著智慧的概念，舉著跨界的旗號，擺著一副改變世界的模樣幾乎讓智慧之風颳到各行各業。

儘管來勢洶洶，但目前更多的則是「偽智慧」，不論是智慧家居還是智慧穿戴產品，更多的只是停留在加個感測器、Wi-Fi以及APP的層面並冠以智慧。冷靜思考智慧硬體的本質和目標，是希望借助於產品智慧化，在移動互聯網與大數據時代為人們提供一個更為便捷、智慧、舒適、安全、方便和高效率的生活。

因此智慧硬體的核心必然離不開與「人」的互動，這也是整個物聯網的關鍵部分，如果脫離了「人」這個核心來談智慧硬體那都是在空談。

《鋼鐵人》裡東尼‧史塔克只需喚一聲「給我一杯咖啡」，智慧系統就會自動製作一杯美味的咖啡送到他面前。這樣智慧、便捷的家居生活，或許一直以來都是人們追求的夢想。以智慧家居為例，其所要建構的智慧生活場景是為了借助於家居產品的智慧化從而給人們帶來一種「懶」的生活方式。

比如用戶回家途中，通過穿戴在身上的智慧穿戴設備與大數據就可以知道我們到達家裡的時間以及我們的身體狀況，空氣淨化器已經為我們換好了室內空氣，浴缸自動放水調溫，飲水機為我們燒好了淨化處理後的飲用水，空調也將房間的溫度調整到了最適合身體狀況的溫度。不僅如此，根據我們的心情愉悅程度，家裡的燈光、音樂也為我們做好了準備，當然還有更多的智慧場景。

　　而這其中人就成為了核心，並借助於智慧化實現與各種設備之間的互動，享受便捷的智慧生活，這才是智慧家居的意義所在。

　　要想實現這種智慧化的生活，不論是智慧穿戴還是智慧家居，亦或是其他的智慧設備，必然不再依託於現有PC 或智慧手機的介面交互操作控制，或者說智慧硬體便捷性的重要體現，即不需要再接觸任何手動裝置就可以實現對物的操控。

　　因此，不論是智慧穿戴還是智慧家居的產品，語音交互都將會是硬體智慧化過程中一項普遍並關鍵的交互、控制技術。當然在下一個階段則將演變成以人類的意識為主導，即人們感覺到冷的時候只要「動一下腦筋」，圍繞在我們生活周圍的智慧產品就會感知並即時改變所處環境的溫度，這是一種智慧化之後「人與物」的情感互動。

　　但就現階段而言，一方面以智慧穿戴為首的智慧硬體正在成為移動互聯網時期的新入口，這種新入口包含著兩個層面的含義：一是資料的產生入口，這也是毫無爭議的事實，當與生活相關的一切產品都智慧化之後，包括人的一切生命體態特徵都資料化之後，所產生的資料量相較於傳統互聯網時代必然呈倍數級增長，而這些資料將通過可穿戴設備進行歸集。

　　二是資料的流出口，借助於所採集的大數據以及人工智慧技術，我們一方面需要對設備進行控制、管理，另一方面需要通過設備給予我們回饋、指導、建議，此時智慧穿戴就成為了資料的流出口。

　　在這個過程中我們幾乎難以再借助於APP或者介面交互對各種智慧產品進行控制，因此整個人機之間的交互將會以一種全新的語音對話模式出現並主導，我們只需要將我們的想法告訴智慧設備，它就能聽懂我們的想法並為我們執行，我們的生活也將會因智慧而變得更加簡單、便捷。

　　當然改變的還不僅限於智慧產品，而是整個移動互聯網的未來，即由智慧設備的語音對話模式所帶來的移動互聯網大數據搜尋平臺將會面臨深層次

的變化，未來基於移動互聯網的大數據搜尋平臺中的80%搜尋將以語音與圖像為主。

　而由語音交互所建構的智慧生活將讓我們的生活變得更加簡單、便捷，我們不再為當前繁瑣的APP以及複雜的智慧產品設置所困擾，也不再為當前智慧化下的機械式操作而糾結，語音交互將帶領我們進入真正的智慧時代。

體感交互將成為
可穿戴設備的發展方向

三星被授予的專利資訊顯示，三星公司正在研發大螢幕的智慧手鐲，以改善小螢幕造成的局限，提升用戶體驗。

根據這份專利報告，三星是於2013年年底提交的申請，但目前還無法確認未來三星是否一定會公開銷售這款產品。此外，這款設備的巨大曲面螢幕內置了高精微傳感，可以通過手腕和手臂的一系列運動來進行控制，側重於體感交互，而不僅僅是介面的交互體驗。

從專利圖來看，目前還無法知道三星的這款智慧手鐲將被設計成什麼樣，以及有哪些具體的功能。三星的專利遍及各個領域，這款智慧手鐲表達了三星在可穿戴領域的一些想法及未來的想法。儘管目前我們還無法得知三星會推出怎樣一款具有殺手級應用體驗的可穿戴產品，但從專利上至少讓我

們看到了可穿戴設備的一個重要發展方向，即體感交互將會取代介面交互而成為可穿戴設備的發展方向。

　　不論是當前熱門的移動醫療、智慧家居，還是基於移動互聯網的其他硬體產品，都停留在物與物之間的連接、思考，這使得所謂的智慧產品不能有效地改善人的生活。而智慧穿戴產品的一個核心特性就是其內置的人體微傳感，能有效地將人的體態特徵與硬體連接、結合起來，並通過穿戴在人體身上的可穿戴設備實現人與智慧產品之間的體感交互。

　　而可穿戴設備與其他互聯網硬體產品的一個最大區別就是在未來，我們穿的衣服、戴的手錶、穿的鞋子、戴的眼鏡，甚至連內衣、內褲，只要與人體生理需求直接相關的，都能產生資料。不僅我們的體溫、心率、新陳代謝等人體相關的生理特性，甚至情緒等心理特性都將通過可穿戴設備產生資料，並進行智慧應用。這些資料不僅是移動互聯網一個新的價值入口，更是實現人與硬體之間智慧交互控制的一個核心。

　　當前的可穿戴設備大部分僅停留在介面的操作交互層面，或者是基於第三方的介面交互思考，並未能有效表達可穿戴設備的價值所在。隨著體感交互在可穿戴設備上的應用與探索，必然將取代手機成為未來的中心。

五把技術利劍決勝智慧穿戴產業

在物聯網時代，智慧穿戴承載著人與「機」之間的「溝通」，並扮演著物聯網控制中心這樣一個角色。正如電腦與智慧手機產業在技術升級過程中，產品不斷迭代更新一樣，智慧穿戴產品也進入了快速迭代的過程。在這個過程中，有五大關鍵技術將決定著智慧穿戴產業發展的進程和方向。

（1）人機交互技術

在物聯網時代，當人成為「萬物」控制的中心時，人「機」之間的「溝通」方式也將發生變化。著眼於直接、便捷的交互需求，一種基於人類生理特性的交流方式將應運而生，就像當下人「機」之間可以直接「對話」的交流方式。

在物聯網時代，當海量的資料以幾何倍數級在我們身邊出現時，毫不誇張地說，人類面對大數據，就如置身於一個資料的「黑洞」環境，顯然不太可能再像今天一樣，通過介面觸控操作去尋找自己所需的資訊。所以，我們就需要借助於更直接的語音，建構起人與設備之間的交流。當然，語音交互並非人機交互的終極方向，更高一級的腦波交互將可以實現人和設備之間

的思維交流，只是這還需要經過一段漫長的發展歷程。

（2）虛擬顯示技術

伴隨著人「機」之間交流方式的改變，螢幕也將被重新定義。由當前的重模式向輕模式轉變，其所承擔的工作也將由此聚焦為視覺呈現。

從螢幕的發展階段來看，在工業時代，我們的生活圍繞著最為傳統的第1屏來構築，也就是電視螢幕；在互聯網時代，我們的生活開始轉向圍繞第2屏來構築，也就是電腦螢幕；進入移動互聯網時代，我們的生活開始隨著第3屏，也就是手機螢幕來構築；到了物聯網時代，我們的生活將再一次被改變，顯示方式也將由當前的物理螢幕轉向可在任意空間顯示的「輕」螢幕，而生活也將圍繞著「無處不在」的第4屏，即虛擬顯示技術來展開。就如《鋼鐵人》或《神盾局特工》中所呈現的場景一樣，虛擬螢幕將在任意空間成為我們獲取資訊的載體，成為人「機」溝通之間的一種視覺補充。

（3）雲平臺與人工智慧

由於前端的資料處理中心轉移到了雲平臺，那麼在雲平臺上的海量資料

靠當前的程式運算與抓取顯然是難以滿
足物聯網時代發展需求的。於是，具有
自我運算、判斷能力的人工智慧技術勢
必將成為下一個關鍵技術。

　　當前，不論是IBM，還是阿里、百
度、360 等都已經開始布局雲平臺。顯
然，他們已經意識到在即將到來的物聯
網時代，當PC或智慧手機無法滿足與
承載物聯網時代龐大數據的處理工作
時，設備的運算勢必將由當前的前端硬
碟向後端的雲平臺轉移。但這還只是邁
出了第一步，即資料存儲的轉移。要想
讓這些龐大的資料產生價值，並服務於
人類，更重要的環節則在於對資料的處
理。根據不同人群、不同時間、不同應
用進行處理，這並不是一個或者幾個運
算程序就能夠完成的，而是需要借助於

人工智慧技術，在「聽懂」用戶意圖的基礎上，在海量資料的雲平臺上為用
戶迅速「梳理」到所需要的結果。

（4）無線通訊與充電技術

　　目前，通訊技術已經由過去的尾巴網線進入了4G網路。但其通訊覆蓋、
通訊效率等，仍然難以滿足物聯網時代對於資料無時無刻、無處不在的需
求。從目前的技術發展層面來看，5G、6G 等技術的到來，或許能在一定程
度上解決這個難點。

但是，另一個更為重要的技術難點卻很容易被忽略掉，那就是無線充電技術。在物聯網時代，智慧穿戴設備在依託無處不在的無線通訊技術進行資訊交互的同時，設備充電技術便顯得更為重要。而無線充電技術與無線通訊技術的融合，將實現在資料交換的過程中根據需要同步進行蓄電的補給。也就是說，在物聯網時代，一個智慧穿戴終端設備，在任何環境下都將享受到隨時隨地地通訊與充電，並且兩者都將基於無線技術而得到實現。

（5）相容的系統平臺

在物聯網時代，海量的資料將通過無處不在的智慧穿戴終端設備被釋放出來。此時，可以說沒有一家企業能大到「壟斷」所有的資料。屆時，不論是蘋果、安卓還是微軟W10，不管現在是封閉還是開放，未來都將實現相互相容，即不同平臺背後的資料庫都將在某種程度或是某種商業協議的基礎上實現互通。使用者不論購買基於何種系統的設備，只要該系統是這個系統平臺協定中的成員，就能夠獲取相應的資料與服務。

以上五大關鍵技術，不僅是智慧穿戴產業發展的關鍵技術，也是整個物聯網時代的關鍵技術；不僅決定著智慧穿戴產業的發展，更影響著人類社會從移動互聯網時代進入物聯網時代。當然，對於產業鏈而言，更有巨大的商機蘊藏在這些關鍵技術中。

「新緊箍」式智慧穿戴設備
將讀懂你的腦電波

「你挑著擔，我牽著馬。」曾經的《西遊記》裡不乏科幻夢想，而最典型的例子莫過於唐僧為孫悟空戴上了緊箍兒。這個頭箍雖然有點low卻「神奇」無比，讓本領蓋天的齊天大聖全然沒有了招架之力。

緊箍兒可以說是最早也最有名氣的一款可穿戴設備，可以無線接收伺服器命令，可以根據命令調整自身大小；尤其是將使用者識別安全系統做到了極致，只認「師父」一個人的密匙；設備的信號接收範圍也非常廣，任用戶一個筋斗十萬八千里也跨不出有效輻射範圍。

「新緊箍」向人腦思維解讀邁進

相關研究顯示，人的大腦是由數以萬計針尖大小的神經交錯構成的。神經相互作用時，就產生不同程度的放電，且放出的電通過腦電波技術（醫學上稱為腦電圖）便可測量到相關資料；同時，不同的神經活動會產生不同的腦波模式，不同的腦波模式又會發出不同振幅和頻率的腦電波，即表現為不同的大腦思維狀態。例如，當腦波在12～30Hz時，即Beta波，表示大腦正處於專注狀態；當腦波在8～12Hz時，即Alpha波，表明大腦正處於平靜放鬆的狀態。

這與聲波的原理頗有異曲同工之妙。聲波借助於揚聲器向外傳播後，人們可以通過耳朵接收，「翻譯」成語言解讀出來。而如今，如

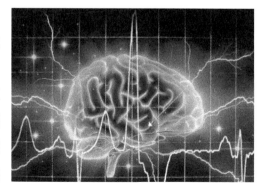

何通過智慧穿戴設備傳感器對大腦所發射出的腦電波進行接收、翻譯、解讀，已經成為人類對大腦開發過程的主要研發方向，也將是人類更好地研究和對接人工智慧的入口通道。

作為該領域的先驅者，美國神念科技（NeursSky）率先將腦機介面技術帶出實驗室，帶進了大眾視野。但其技術尚不能檢測到人們思維的具體內容，還只是停留於思維的狀態。在這待突破的十字路口，最關鍵的難點就是如何開發出能精確辨別出與語言有關的腦電波軟體，並能直譯解讀。

「新緊箍」踐行者都長什麼樣子

伴隨著科技的發展，形態各異的「緊箍咒」不僅從神話小說的夢幻裡跨入了現實的科技界，而且還通過功能的生活化升級讓其成為酷炫的新時代科技玩物。在此，我們略拾掇一二，以揭開「新緊箍」的神秘面紗。

Muse：讓頭帶讀懂腦電波。Muse頭帶通過感應技術原理，可以讀取大腦的腦電波，從而讀取大腦資訊。它和應用軟體配套使用，可以引導用戶去思考或者放鬆大腦。據開發者介紹，Muse頭帶不僅可以讀取佩戴者的腦波模式，還可以執行簡易的「心靈控制」等活動。

Emotiv Epoc意念控制器：即時監測思想與情感。Emotiv Epoc是由美國加州舊金山市的神經科技公司Emotiv Systems，通過使用非侵入式感測器

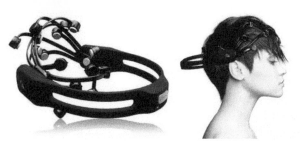

研發的附有電極的特殊頭
盔類產品。它可以測量很
多不同的思想和情感，甚
至已經可以區分具體的想
法，如「推」和「舉」；以及情感，如「興奮」或「平靜」等。甚至一些患
有內部鎖定綜合症的人群將可以通過這種頭盔裝置直接與世界進行溝通交
流，與物體發生交互反應。

　　MindSet：意念領略全新互動式世界。MindSet 是美國NeuroSky公司基
於最新的腦機介面（Brain Computer Interface，BCI）技術研發的一款基於
人機介面技術的意念耳機。MindSet採用NeuroSky專利技術，通過輸出關注
度參數和放鬆度參數，來反映佩戴者當前的精神狀態；MindSet還可以輸出
原始的腦電波資訊和不同波段的腦電資訊，將使用者的腦電波信號轉化為基
於意念的控制力，帶用戶進入一個全新的互動交互的世界。

「新緊箍」或將成為人機和諧的通道

　　伴隨著科技的發展，人類在腦波交互、思維交流方面研究不斷深入的同
時，對人工智慧的開發也取得了突破性的進展。而與此同時，如何有效地和
諧人機關係，杜絕人工智慧「終結說」成為現實，已經是科技界乃至人類社
會共同關注的焦點問題。

　　對此，筆者認為，以「新緊箍」為代表的頭戴式智慧穿戴設備，或許將
是人類在探秘自身大腦的過程中劈出的一條和諧人工智慧的康莊大道。因為
在此技術和設備的支援下，人們在賦予人工智慧以思維的同時，還可以通過
與晶片的資料對接，進行人工智慧的思維解讀，從而有效地提升人類對於人
工智慧的把控，將人工智慧終結人類的憂患防患於未然，就如同唐僧依託緊
箍咒便可牢牢把控本領通天的齊天大聖孫悟空一般。

可穿戴設備或促無線技術走向融合

　　儘管當前的可穿戴設備大部分還只是集中在智慧手錶、智慧手環、沉浸式眼鏡之類，但其探索空間已發生了很大的改變。從老人到嬰兒，從頭戴式到襪子，從體外到體內，可穿戴設備的探索幾乎延伸到了與人體有關的每個部位。

　　在不久的將來，物理螢幕將會消失，取而代之的則是任意空間顯示的虛擬螢幕。或在空間中，或在手腕上，當然也可能是通過視覺進行成像。當這一技術進入商業化應用時，取代當前的智慧手機則是必然，不過這其中還存在著一項關鍵要素，就是資料傳輸技術。

　　我們通過可穿戴設備的感測器技術可以對身體任意部位進行資料化，包括動態、靜態的生命體態特徵，以及行為習慣、生活方式等。如果將這些資料即時、有效地傳輸到雲端的大數據處理中心，同時還要確保資料分析處理結果能即時地回饋給用戶，並給用戶提供科學的指導意見，這也就意味著資

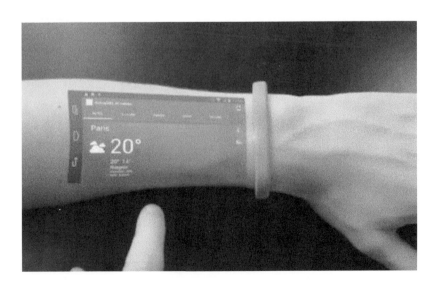

料傳輸是可穿戴設備一個非常關鍵的價值點。

作為連接人與物的智慧鑰匙，可穿戴設備顯然已經從單一對於人的資料化監測延伸到了對物的監測與連接。在智慧家居領域，一些廠家已經嘗試基於可穿戴設備連接智慧門鎖、家居照明、智慧家電等系統，並實現控制；在智慧汽車領域，也已經有廠家嘗試通過可穿戴手錶取代汽車鑰匙，並實現對汽車更多的智慧化控制；在金融支付領域，已經有廠家基於可穿戴設備融入NFC技術實現地鐵、公交等方面的支付。儘管目前關於可穿戴設備物理螢幕相對狹小的操作空間給用戶帶來了並不完美的體驗，但隨著語音交互技術的應用以及虛擬現實技術的發展，這一問題將很快獲得解決。

當顯示與連接都不成問題時，即時互通互聯的問題就擺在了眼前。如何實現設備之間的互通互聯，如何實現人與設備之間的互通互聯，如何實現資料之間的互通互聯，如何實現設備與整個物聯網的互通互聯？這些問題顯然已經到了需要考慮的時候。

儘管現在的智慧設備正越來越多地借助於無線技術，或者移動互聯網接入網路，但無線通訊技術種類繁多。比如，在智慧手錶、智慧手環、智慧眼鏡方面，通常使用的是Wi-Fi、藍芽或移動蜂窩等技術；在智慧家居方面，則通常使用如Wi-Fi、藍芽、ZigBee、紅外線傳輸等技術。但到了萬物相連的可穿戴設備時代，問題並不在於物物之間，或者說人與物之間有沒有聯網，而是在於它們之間有沒有有效的連接。

近年來，隨著可穿戴設備產業的崛起，無線傳輸技術受到了關注，也得到了更快的發展。隨著Wi-Fi和NFC兩種無線傳輸技術的興起，手機時代的藍芽技術被放在兩者之間不斷比較、討論，當然還有移動蜂窩技術也參與其中。但就目前的情況看，很難放棄這些技術中的某一項，因為都各有所長，同時也都各有所短。

比如基於通訊的智慧手錶領域，或者是基於無線聯網傳輸的智慧眼鏡，

則需要借助於當前的移動4G技術。而在醫療領域，藍芽則更受歡迎。尤其是在藍芽4.0低功耗的技術下，只需要借助於一顆鈕扣電池，就可以維持其長達一年的工作，甚至更長。這是Wi-Fi技術目前難以滿足的，目前的Wi-Fi技術普遍功耗和功率都比較大，一方面比較耗電，另一方面容易給一些醫療器材帶來干擾，因此在移動醫療領域應用相對較少。

這讓我們看到，隨著可穿戴設備的智慧化以及物聯網的發展，無線傳輸技術已經成為了一項核心的連接技術。儘管目前的無線傳輸技術呈現多樣化，也各有所長，但這只是目前的一個發展階段。

在筆者看來，未來的無線傳輸技術大致會有兩個發展方向：一是會基於其中的某一項無線傳輸技術進行突破，融合多種無線通訊技術的優點，完善缺點，從而成為主流的無線傳輸技術；二是未來的可穿戴設備或智慧設備上將會同時存在多種無線傳輸技術，設備會根據環境自動識別、選擇最優的無線傳輸方案進行工作。

3-3 技術運用評價

你被可穿戴設備的心率監測「忽悠」過嗎

耐吉智慧手環對運動量監測欠準確的訴訟案已經塵埃落定，但這似乎並沒有縮短人們對可穿戴設備的美好期望與骨感現實之間的距離。甚至不乏消費者在購買使用的一兩週之後就直接選擇「放棄」，以偏極端的方式對一些可穿戴設備表達了不滿。

在對行業心存擔憂的時候，我們不得不接受當前鮮有可穿戴設備是真正意義上完全合格產品的客觀現實。當然，我們也應該更冷靜地著眼於現有的產品技術水準，對行業的發展報以理性的樂觀態度，相信起步的艱難並不會影響其作為物聯網載體的趨勢地位。

誰的心率監測是準確的

放眼整個可穿戴設備領域，我們可以看到，幾乎每一款可穿戴設備都配有記錄各項與人體有關資料的功能，比如睡眠、心率、運動量等；貌似但凡缺了這項功能，都不能坦然面對「可穿戴設備」的頭銜。而且，目前支撐大部分可穿戴設備在市場混

下去的也是這項功能。當然這也無可厚非，因為沒了資料的可穿戴設備便沒

有任何存在價值。那麼問題來了，有了資料的可穿戴設備，它們的資料準確嗎？消費者相信它們的資料是準確的嗎？

我們先來看一組實驗。以市面上帶心率監測功能的智慧設備為例，就其結果是否準確的問題，CNET的Sharon Profis在心臟病學家Jon Zaroff博士的幫助下，選取了Garmin VivoFit、Basis Carbon Steel、Withings Pulse O2、三星Gear Fit以及三星搭載指尖感測器的Galaxy S5作為測試對象，展開了三個靜止測試和三個運動測試。

結果證明，在靜止條件下，五款可穿戴設備的資料都比較精確，誤差率控制在10%左右，但在運動狀態中，除了Garmin VivoFit和Galaxy S5表現驚人外，其餘幾款設備都出現了較大程度的誤差。

五款智慧手環心率監測產生的誤差

Device	Error(%) at 80-90 BPM	Error(%) at 160-170 BPM
Garmin VivoFit	10.7	0
Withings Pulse O2	5.3	57.1
Basis Carbon Steel	10.2	57.9
Samsung Gear Fit	4.2	Unable to read
Samsung Galaxy S5	3.1	0.2

測量結果是怎麼得出的呢？這得從可穿戴設備和專業醫療設備的原理說起：專業醫療環境使用的心電圖機器或胸帶心率監測器利用的是電極式心率感測器，這類設備往往操作比較複雜且龐大，因此還無法應用於較小的可穿戴設備上。

目前大部分移動設備端搭載的感測器都是一種通過光反射測量的光電心率傳感器，即通過LED照射毛細血管，監測血液流動速度，以獲得BPM（每

分鐘心跳數）。如果想獲得比較精準的監測資料，光電心率感測器往往對實際監測的環境要求相當高，即用戶不能說話、不能移動、不能出汗，因此在運動環境下，其誤差概率就會比較大。

Garmin VivoFit和Galaxy S5之所以能在運動情況下保持相對準確的資料記錄，前者的原因在於它是胸帶心率感測器，技術原理類似心電圖機器，而後者儘管原理上與手環一致，但不同的是手機測量的位置在指尖，由於食指指尖存在一個動脈血管，因此它基本上能與心臟保持相同的頻率。

我們可以從這個實驗中總結出，要想在運動的狀態下獲得準確的心率資料，可穿戴設備的佩戴位置很重要，即要麼在靠近心臟的地方，要麼在靠近指尖的地方，反正不能是手腕這種地方，那麼這也就把目前所有智慧手環以及手錶類產品心率監測的準確性都給否定了。當然，大陸目前一些生產醫療器械產品的企業對這項技術有著更深刻的理解，比如北京利安盛華科技公司生產的利安健康管家這款可穿戴設備，就是採用對指尖動脈的監測技術來實現對心率的監測。

睡眠監測的準確度又如何

除了心率監測之外，還有一項被大家關注的技術，就是對睡眠的監測。比如，宣傳稱可以監測用戶深度睡眠時間的Jawbone UP手環，其監測

原理也被相關的醫學專家給否定了。在監測用戶深度睡眠時間的功能上，Jawbone UP的實現原理是通過活動監測儀跟蹤用戶在睡覺時間的微幅運動，以判斷其睡眠狀態。另外一種對睡眠的監測是參照心率來實現，由於我們的心率隨著睡眠週期的變化會發生相應的改變，當我們處於深度睡眠時，心率會相應地下降，所以我們就參照了這個睡眠時間的心率變化來監測睡眠品質。

但實際情況是，對睡眠深度的判斷是根據睡眠過程中腦電、肌電和眼電的表現和特徵來進行綜合判斷的。顯然，Jawbone UP手環的監測方式並不科學，其得出的資料也並不可靠。而另外參照於心率的監測，由於目前可穿戴設備上的心率感測器準確度偏低，其可信度有待考量，而此時如果依據心率為參考依據得出的睡眠週期資料的參考價值相對比較低了，我們只要不失眠，一覺能睡到天亮就可以了，不必太在意所謂的監測結果。

寫到這裡，我們就可以回答開頭的那個問題了，即誰的監測資料是準確的。專業級的醫療設備相對是準確的，或者用於專業運動員訓練的特定環境下的設備是準確的，但無論如何都不能說目前那些沒有經過醫療認證的可穿戴設備上的資料是準確的，或者是接近於真實世界的，尤其是智慧手錶與智慧手環類產品。其實，我們可以從各類可穿戴設備的廣告宣傳中看到，企業是儘量避開資料準確這個問題的。對他們而言，既要拿這個來當吸引消費者的噱頭，但又要把握得恰到好處，不至於沒有迴旋的餘地。

比如，FuelBand在宣傳中告訴消費者的是這款設備可以測量四種資料：時間、卡路里、步數和NikeFuel能量計數值，但並沒有說這些資料是絕對準確的，因為「準確」本來就是一個相對概念，即使是專業級的醫療設備也是會存在一定誤差的。換個說法就是，這些資料也不是完全沒有任何作用，你如果願意的話，它們還是可以作為參考的，你可以根據這些資料大致判斷出一個趨勢，增加對自身的瞭解，儘量更科學地調節自己的生活等。

如何面對監測「不準」

相對於當前的醫療級監測產品，在產品形態上更加微型化的智慧手錶、手環或多或少都存在著一些差距，當然目前也有一些專注於做醫療級監測的智慧手錶，其在監測上並不亞於醫療級的監測產品。但就當前的醫療級監測產品而言，其監測的「準確」性也只是一個相對概念，並不能完全真實地反映人體真實生理狀況的全部。同樣，對於可穿戴設備而言，隨著時間的推移，產業鏈技術的不斷完善，演算法技術經驗的修正、累積，不論是基於手錶、手環還是衣服等任意形態的穿戴類設備，其監測資料都會不斷地接近於人體真實的生理狀態。

對於企業而言，我們需要客觀地面對當前產業發展過程的階段，站在用戶的角度將自身核心監測，並且是成熟的技術通過行銷的方式傳遞給所有的消費者。

對於一些處於發展過程中的技術，或許我們需要採取「保守」的方式，以一種附加功能的形式，在行銷宣傳的過程中清晰地告知消費者該功能只能作為參考依據。

對於消費者而言，我們需要對新科技事物報以更大的包容，尤其是可穿戴設備這種顛覆性的產品技術，在從0到1的搭建，以及從1到N的進化過程中需要一定的時間。我們站在今天一些成熟的電子設備角度來看待可穿戴設備，或許有著各種各樣的不完美，但如果站在整個物聯網時代的趨勢角度來看待，當前的可穿戴正處於時代的風口上，正在以超越PC、智慧手機曾經的發展速度進化著。

不論如何爭議，對於可穿戴設備而言，它必將會從嬰兒成長為青少年，並走向成熟，而科技的進步最終也將造福人類。

別給智慧穿戴產業點錯了技術點

今天很多人並未能準確地理解智慧穿戴設備的內涵，更多的則是基於計算機進化思維在思考智慧穿戴產業，於是就讓我們看到了當前的局面：大部分的智慧穿戴設備一不像電腦，二不像手機，三不像裝飾品，既無痛點又非剛需，被認為是一種雞肋。其中不乏一些人認為智慧穿戴不太可能有美好的未來，頂多就是以給智慧手機當個小三的角色活著，原因是目前的智慧穿戴產品幾乎都需要依附於智慧手機而存在。

另一種則是依賴於PC與智慧手機的進化路徑來理解智慧穿戴設備，而這種理解在有限的技術支持下是一種不可回避的過程，這一觀點也是當前技術條件下必然要經歷的路徑。但沿著這一路徑的這種思考方式，其結果必然是我們今天所看到的另外一種局面，也就是一些智慧穿戴產品，尤其是智慧手錶或者智慧手環類的產品越來越像微型化的智慧手機或者微型電腦。這種現象的產生正是由於這種路徑思考方式，於是我們很自然地就會將其與智慧手機、平板相比較。於是螢幕、續航、交互等方面的體驗與手機、平板之間就形成了明顯的差距。

當然，這也是筆者一直說的一個問題：可穿戴設備由谷歌於2012年4月份引爆之後，在整個產業鏈都未做好準備也未形成的情況下，幾乎是一夜之間從科幻片中走了出來，來到了我們身邊。這其中論產品數量則以中國的貢獻最大，幾乎占全球80%的智慧穿戴終端產品都Made-in-China。而這80%中的50%則來自於深圳，其中以華強北為代表，創業者們憑藉著頑強的毅力與智慧硬生生地從智慧手機的零部件中搭出可穿戴設備產品。

一方面受產業鏈的限制，另一方面借助於智慧手機的產業鏈，就讓我們看到了今天的大部分產品以腕錶類產品居多，並且始終擺脫不了手機的影

子。當然這只是產業發展過程中所經歷的一個階段而已，智慧穿戴並不局限於腕錶，必將會以更多的形態呈現給消費者。

不論智慧穿戴產業如何爆發，我們都需要理解一個問題，就是究竟何謂可穿戴設備，為什麼可穿戴設備會在2012年突然之間引爆。這顯然是借助於移動互聯網的浪潮而來，或者我們可以理解為智慧穿戴是移動互聯網時代的產物。在傳統互聯網時代，我們幾乎不太可能為了監測運動、睡眠、定位、心率等數據而拖一根網線滿世界地溜達。

而更重要的則是智慧穿戴設備不僅僅是電腦的微型化，更是電腦發展史上的一次重大技術革命。從桌上型電腦到筆記本到平板到智慧手機，整個產業的進化路徑非常清晰，性能越來越好，零部件越來越小，價格越來越親民，毫無懸念地遵循著摩爾定律進行不斷優化、升級。所有的核心幾乎沒有離開過圍繞前端硬體運算能力與儲存容量的提升，不論是臺式、筆記本、平板還是智慧手機。因此我們必然照著這種思維模式來理解智慧穿戴產品，也希望基於前端硬體不斷提升其運算、儲存能力。

有沒有一種可能，有一天整個電腦的元器件發展到一個階段，也就是微型化到一個階段，一種智慧手錶就能具備今天桌上型電腦的性能？不是沒有可能，是完全有可能的，但這不是可穿戴設備的本質。我之所以稱智慧穿戴是電腦發展史上的一場革命，其關鍵原因是將傳統基於前端硬體的運算與儲存轉向了後端，也就是移動互聯網、雲端運算、大數據三者融合下所發生的一場革命。

當基於前端硬體的運算與儲存，借助於移動互聯網、雲端運算、大數據向後端轉移之後，前端設備所承擔的將不再是傳統電腦理解中的那些任務，此時留給前端的工作更多的則是資料獲取、交互控制。正是因此，筆者在兩本關於可穿戴設備的書中明確定義智慧穿戴為下一輪商業浪潮以及移動互聯網新浪潮，並且由可穿戴設備所引發的這場電腦發展史上的革命，將深刻改

變整個社會以及商業形態。

正是由於我們沒有準確地理解可穿戴設備所引發的這次電腦革命，因此就容易以硬體的前端運算思維來思考可穿戴設備，於是糾結的螢幕大小、介面的操作交互、電池的續航能力、設備的儲存容量……等都成為了大家討論的焦點。

而當我們意識到可穿戴設備是基於雲端運算平臺所引發的一場前置硬體向後置轉移之後，也就是整個移動互聯網入口與搜索方式的改變與轉移。一方面數據來源將圍繞以人為中心的歸集，並借助於可穿戴設備這個入口進行傳輸；另一方面資料的搜尋方式將發生改變，以可穿戴設備為主導的智慧硬體將不再以現在的介面交互操作方式出現，而是以語音與圖像為主導。最簡單直接的例子就是谷歌眼鏡所讓我們看到的，基於可穿戴設備的人機交互一方面是語音交互，我們可以通過語音直接與設備進行對話，剔除目前依賴於螢幕繁瑣的介面交互操作；另一方面是基於可穿戴設備的攝像技術，直接以圖像的形式傳輸到雲端服務平臺進行搜尋。

因此，基於可穿戴設備的對話模式應該是以語音、圖像為主導，並且在顯示技術上將以虛擬實境為主導，借助於體感交互或是虛擬空間交互的方式實現。比如，微軟發布的穿戴式眼鏡已經讓我們看到了這方面的方向。真正的可穿戴設備其形態一定不是一隻手錶或手環，而是可任意佩戴的一種監測、交互工具。從這個層面來看，目前可穿戴產業的技術探索路徑出現的偏差，使我們糾結於一個本不屬於可穿戴設備的螢幕介面交互與前端計算、存儲能力的處理。對於可穿戴設備產業鏈而言，我們真正需要發力的是基於監測的感測器，基於移動互聯網的語音、圖像交互，基於大數據的雲端服務平臺，這些才是真正促進產業爆發的關鍵技術。

而筆者之所以與大家探討這個問題是因為我們對產業的理解將決定著產業的發展，如果不能準確、有效地理解可穿戴設備產業，那麼我們在發展的

過程中，在技術探索的過程中必然會陷入困境。只有準確地理解智慧穿戴產
業，才能更加有效地幫助我們探索技術方向，思考商業方向，並借助於這一
浪潮獲得成功。

智慧旅行，從「可穿戴」起步

「世界這麼大，我想去看看。」在塵封的老黃曆裡，我們若想為一場有趣而有意義的旅行做好充分的準備，那可是一件加倍辛苦的事。而到了可穿戴時代，旅行將變成這個樣子：可穿戴設備將根據你的喜好，量身打造個性化旅遊路線，並詳細介紹每條路線的特點和可獲得的體驗感受；然後幫你為每條路線做好預算。這時候，你所要做的選擇只有一個：去還是不去？在大多時候答案顯然將會是肯定的。

在旅行的過程中，我們可能會遇到這樣或那樣的障礙與麻煩。而面對這些，可穿戴設備頗具見招拆招的本事，且看它如何輕鬆為你的旅行清除一切障礙。

身份識別障礙

出門在外，身份證、銀行卡顯然是一個不能少的，否則你將寸步難行。尤其是證件，它證明著你之所以為你。這個看似簡單的問題，要想在傳統環境下得到有力佐證已是越來越難。

伴隨著可穿戴時代序幕的拉開，身份驗證方式將變得越來越多，安全保障也將隨之層層升級，甚至有許多可穿戴設備可以直接採用人體生物特徵，比如指紋、心率、臉部特徵……等進行身份驗證，這些既快速又安全的方式，無疑將成為未來社交網站、智慧設備、支付方式中最為主流的一種身份驗證方式。

可穿戴設備憑藉其安全系數的不斷升級，或許將成為支付與認證的終極選擇。為什麼這麼説呢？因為可穿戴設備相較於其他智慧設備，更了解用戶。它的主要職能就在於搜集用戶身上的資料，通過對這些資料的加工處

理，使其成為用戶獨一無二的高精準身份識別驗證碼。這個識別碼即便在你
不小心遺失設備的時候，也不會泄露你的任何個資，因為當設備離開你身體
的時候，相關的應用價值也就失去了存在的基礎載體。

　　基於此，一個可穿戴設備就可以替代你出行過程中需要用到的護照、登
機牌、身份證等各種證件。你只要在有需要的時候，出示相關可穿戴設備，
可以是智慧手環、智慧首飾甚至智慧衣物，就能完成一系列流程。同樣，在
你需要支付的時候，也只需秀出一個戴在身體某部位的可穿戴設備，所有驗
票關卡、支付關卡都將一掃搞定。

語言溝通障礙

　　當你走出國門的時候，語言將成為首項待克服的障礙。面對這個問題，
有些人會選擇在出行之前花時間突擊學習一下當地的語言，但這充其量也只
能解決點皮毛。若想隨身帶個「翻譯」，從根本上解決語言問題，讓自由行
走得瀟灑又愜意，或許再也沒有比可穿戴設備更優的選擇了。

　　一家名為Quest Visual的公司為谷歌眼鏡開發的名為Word Lens的應用，
可以把看到的外語翻譯成使用者的母語並顯示在螢幕上。例如，當用戶看到
一個警告牌或指路牌時，只要對所佩戴的谷歌眼鏡說「OK，眼鏡，翻譯一下

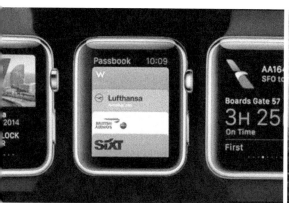

這個」，谷歌眼鏡便會把指示牌上的內容資訊翻譯成使用者的母語並且顯示出來。

人人都是自己的導遊

在將硬性障礙清除了之後，如何提高旅行過程中的樂趣，就成了首當其衝待解決的問題。在這方面，可穿戴設備無疑是所有智慧設備中最佳的數據載體，它通曉古今、旁徵博引的特質可謂比導遊更導遊。但凡體驗了一把依託於可穿戴設備旅行的使用者，無不感慨傳統導遊弱爆了。就拿谷歌眼鏡來說，一個全能型的無敵導遊，不僅可以內置語音瀏覽，還可以在用戶的眼前投射虛擬成像。

當這一切科技的產物被嫁接到旅遊行業的時候，其所帶來的顛覆可以說是驚人的。從此以後，每一個人都能更有滋有味地玩遍世界。戴著谷歌眼鏡出行，不會迷路，不會找不到道地小吃，不會搭錯車，不會訂不到性價比高的旅社，不會進到一個景點不知其來龍去脈……總而言之，無論你到了哪裡，都可以將一切「盡收眼底」。而這一切，只是因為有了谷歌眼鏡及其配套的旅遊資料包。

可穿戴設備時代的旅行，不再是走馬觀花，而是實實在在地充滿無盡樂趣；可穿戴設備時代的旅行，也不再是從自己活膩的地方到別人活膩的地方，而是短暫地出軌到他人生活當中的行走，可謂精彩無限。

測謊開啟可穿戴設備新藍海

　　智慧穿戴產業從引爆至今，儘管整個產業還處於從0到1的搭建過程，但在一些細分領域中已經實現了從0到1的跨越，比如我們所熟知的智慧手錶、智慧手環等領域。因此，可以預見整個智慧穿戴產業將會伴隨著物聯網時代的到來而起舞。《不可能的任務5》或許就是最好的詮釋，過去我們看好萊塢的科幻大片通常會產生兩種感受：一種是距離感，另一種是嚮往感。也就是說我們在看這些科幻電影的時候，一方面由於其中的大部分技術在現階段並未實現，因此在心理上總會產生一些距離感；另一方面是這些「未來」的超能力技術給我們的社會帶來了更多的拓展空間，讓我們從凡人具備了成為「超人」的可能性，這就促成了嚮往感。

　　《不可能的任務5》在一定層面上與之前的科幻片存在著差異，也就是說這次我們看到《不可能的任務5》中所呈現的「未來科技」，大部分都已經在不同的層面上實現了，有的甚至已經進入了商業化應用階段。當然，這其中也透露著兩方面的因素：一方面是美國的未來學家對於更「未來」的時代還沒有清晰的思考；另一方面則是當前的科技正在以超出我們理解的速度進化。

何謂測謊可穿戴設備

　　顧名思義，測謊可穿戴設備是指穿戴在人體並用於測試謊言的設備，也就是我們俗稱的測謊儀。在《不可能的任務5》電影中有個橋段描述阿湯哥在英國「失蹤」之後，昔日的同事班吉就被

捲入了無休止的測謊中，並且被佩戴上測謊儀，而這種測謊儀正是可穿戴設備中的一種。從嚴格意義上定義應該屬於智慧服裝的一種，也可以劃分為醫療可穿戴設備。

從目前的產品技術情況來看，測謊儀由三部分監測構成，主要是指設備在人體上的穿戴部位：其一是戴在人手指上的皮膚電感測器，這是一種不銹鋼電極，主要用來測量皮膚電阻的變化；其二是繫在人胸部的呼吸感測器，主要用於測量人體呼吸的變化；其三是戴在人腕部或臂部的脈搏和血壓感測器，主要用於監測人脈搏和血壓的變化。

其原理就是根據人在不同狀態下所呈現的生理本能反應與本能特徵，判斷其語言行為是否屬實。從技術角度理解就是通過將感測器穿戴在人體上，借助於感測器獲得相關生命體態特徵的變化，再根據後臺的演算法對監測結果進行分析，得出相關的結論。

美國測謊可穿戴設備的使用情況

從當前的產業鏈技術層面來看，關於測謊可穿戴設備的產品技術已基本成熟，並且在現實生活中已經有相當長一段時間的使用，尤其是在美國。美國的測謊技術在世界上名列前茅，並且形成了相應的法律法規，以及專業的培訓機構。它對負責使用測謊儀的測試人員有比較嚴格的要求，學歷必須在大學本科以上，並要求具備心理學專業背景，同時上崗之前必須在測謊學院接受長達6個月的正規訓練才能上崗。

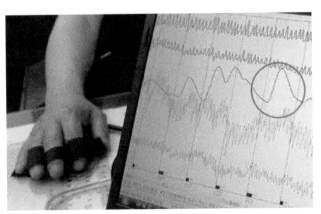

儘管美國在1988年通過了《雇員測謊保護法案》，其中禁止任何人通過測謊儀預知他人忠實與否，但該法案卻不禁止使用測謊儀。在現實生活中，美國關於測謊儀的使用已經具有一定程度的普及性，每年都有數以百萬計的人接受這樣或那樣的測謊檢查。我們所熟知的聯邦調查局、中央情報局、國防部等部門，是測謊可穿戴設備的第一使用大戶。除此之外，一些聯邦、州和地方政府機構也在不同層面使用測謊儀。除了特定的政府部門之外，如今在非政府行業，測謊儀的使用率也正在呈快速上升趨勢。尤其是在保安和醫藥領域的公司中，通常受雇的職員都需要經過測謊可穿戴設備這一環節。

中國測謊可穿戴設備的使用情況

在中國關於測謊可穿戴設備使用發展過程中曾經經歷過一段波折，就是關於使用測謊可穿戴設備所「測謊」結果的法庭證據作用問題，過去一直認為「測謊是唯心的」而全盤否定。一直到20世紀80年代公安部有關人員去日本考察後才認識到「測謊是有科學根據的」，之後決定在中國開展「測謊」方面的工作。

1981年，中國首次引進美制MARK-II型測謊儀一台，至1985年先後在北京、瀋陽、南昌等地辦案16宗，準確率在90%左右，顯示了「測謊」技術輔助預審工作的明顯效果。1991年，公安部科技情報所和中國科學院自動化所組成的「測謊儀課題組」研製出了「PG-1型心理測試儀」，於同年6月開始進入試用。之後，公安部「測謊」專案被列入「八五」重點專案。「九五」期間，又被列入國家科技攻關專案。

相關資料顯示，目前中國人民公安大學測試中心的心理測試技術相對成熟，在1000多例刑事案件實戰中，嫌疑排除率達100%，認定率也已經達80%以上。

從實際的使用情況來看，測謊儀（測謊可穿戴設備）在中國部分公安司

法部門試用的幾年時間內，已經成功地輔助偵破了大批疑難案件。中國使用測謊儀的單位並不多，在100家左右，大部分只是侷限於一些特殊領域中，如公安、檢察院、法院等部門在辦案時輔助使用，目前也有紀委開始引入測謊儀設備協助辦案。

面對三類人測謊可穿戴設備會失效

看過《不可能的任務5》的人或許都有一個比較深刻的印象，那就是佩吉的「撒謊」成功地騙過了測謊可穿戴設備的測試。這就意味著測謊可穿戴設備並不是萬能的，在面對一些特定的人群會出現失效的情況。

也就是說在使用測謊可穿戴設備進行測謊時，只有在被測謊人有說謊的主觀意圖時才有效，如果受測人從內心深處根本就沒有意識到自己的說謊行為，或者說他是以行騙為生，所有的謊言在他內心都堅定地認為自己不是說謊，此時測謊設備也就失效了。

同時在測謊可穿戴設備的使用過程中，要排除一些人為的干擾因素，對環境設置也有比較高的要求，比如燈光、溫度、濕度等方面，其中還包括被測對象的饑餓程度。如果太餓，則很可能會因為供血不足而引起監測結果出現失真的情況。

從目前的監測技術來看，測謊可穿戴設備對於以下三類人並不奏效：第一類是經過特殊訓練的人群，比如特務、心理學專家等；第二類就是精神病患者及患有皮膚疾病等生理疾病的人群；第三類就是慣犯，由於經常在犯罪與被審訊中來回，對於測試從心理上已經麻木。

測謊開啟可穿戴設備新藍海

對於當前從事可穿戴設備產業的創業者們來說，與其在智慧手錶、智慧手環等市場中進行「你死我活」的競爭，倒不如選擇新的價值藍海市場進行

開拓，而測謊可穿戴設備顯然是個非常不錯的選擇。隨著越來越多司法部門的應用，包括由整個產業鏈不斷成熟所帶來產品性價比的提升，必然會在這一「特殊」市場中釋放出更大的空間。

另外，隨著一些特定服務機構的出現，比如安保公司、高端獵頭公司等，以及一些特殊行業的不斷規範，比如醫藥等，加上人們觀念的轉變，將逐步推進測謊可穿戴在企業領域的應用。可以預見，在不久的將來測謊可穿戴設備將會走入企業的人力資源部門，成為人力資源工作者所使用的必備輔助設備。

對於測謊可穿戴產業來說最大的價值並不是測謊可穿戴產業本身的發展，而是借助於測謊可穿戴技術與智慧服裝的融合，為我們創造一個誠信的社會體系。正如在《來自星星的傻瓜》中P.K. 所描述的那種世界，不存在謊言，因為當我們所有人都穿著這種帶有測謊監測功能的智慧服裝時，謊言也就失去了意義。

Chapter 4

談事件——大咖雲集，看清轉型背後的端倪

不論谷歌眼鏡還是蘋果手錶都讓我們看到大數據時代，由於資訊氾濫，如何讓人從氾濫的資訊中解脫出來，回歸簡單、智慧的生活將是接下來用戶追求的一個方向。

4-1 Apple Watch

Apple Watch來了，里斯哭了

　　號稱天下無敵的行銷神功「定位」理論，其代表人之一里斯先生的衣缽傳人，其女兒蘿拉·里斯在Apple Watch發布之前給Apple Watch算了一卦。

　　據《中外管理》2015年4月刊，其主要觀點大致如下：

　　Apple Watch 正在犯以下三個行銷錯誤。

① 它並非品類中的第一款智慧手錶。

② Apple Watch缺乏一個產品品牌名。

③ Apple Watch的產品型號和價格等級過多。

　　還有，Apple Watch缺少「視覺錘」。賈伯斯在iPod、iPhone和iPad三個品牌上犯過同一個錯誤，即他未能為這三個品牌推出三個具有區隔性的「視覺錘」。相反，他把蘋果的商標放在了三個品牌上。

　　首先聲明，本人並不是反對定位理論，並且認為定位理論在企業初期是非常有價值的理論體系，但它並不是包治百病的行銷神功。

　　通常而言，企業在發展到一些階段之後都會出現不同程度的「失控」，這種「失控」其一是由於龐大的組織自身運行所帶來的問題；其二是由於資本市場綁架的力量驅動；其三則是自下而上的責任感推動著企業決策者內心無奈的擴展。

　　當然，今天不談企業管理、營運的問題，只探討蘿拉·里斯的看法。筆者覺得蘿拉·里斯與里斯先生的最大區別在於，里斯先生不會畫畫，而其女

兒會平面設計，所以就將其業務範圍與理論體系擴大到平面設計，並取個新
的名字叫「視覺錘」。

誰都知道平面的視覺傳達這東西很重要，蘿拉·里斯這位同志換了名稱
講視覺的重要性這也沒錯，重要的東西重複講總是對大家有好處的。

但關鍵問題是講那麼多卻沒有告訴大家這視覺要怎麼設計才能讓產品大
銷，還不如平面設計師來得實在，直接告訴大家怎麼樣設計才是最符合設計
審美的。

蘿拉·里斯觀點 1：Apple watch 並非品類中的第一款智慧手錶。

筆者想說的是，它真的不是第一嗎，是在一定層面上，還是在特定的時
間點？而且，筆者覺得「第一」這件事是把雙面刃，並不是所有的第一都能
活得很好，如果時間點不對的話，很容易充當先烈。

我們今天來看，很多第一的技術、產品都是因為出身在不對的時間充當
第一而死掉了。iPhone是第一台智慧手機嗎？不是呀，但到了賈幫主的手
上，經過幾代之後終於把產業鏈給搞定了，把全世界的產業鏈整合起來支撐
他的想法實現出來，於是從iPhone3開始才走上了商業化成功的道路。

對於Apple Watch而言也是
如此，在谷歌眼鏡沒有引爆可穿
戴設備這個產業之前，整個可穿
戴設備的產業鏈都是缺失的，你
在那個時候搞第一有什麼用呢？
充其量只是做個炮灰而已。

Apple Watch顯然是真正讓
智慧手錶走上商業化應用的第一
款產品。也可以說，庫克在一個

合適的時間點，從產品商業化引導的層面定義第一，難道這個第一還不足夠嗎？

蘿拉·里斯觀點 2：Apple Watch 缺乏一個產品品牌名。

筆者想說的是寶潔搞了那麼多品牌名稱，現在業績照樣下滑。整體消費能力如果出現下降的話，難道定位神功能激發消費潛力不成？

筆者反而認為Apple Watch的成功跟它是蘋果有很大的關係，因為蘋果在大部分消費者的眼中還是一種相對可信賴的技術與前沿應用體驗的代表。

因此，叫Apple的Watch也必然比其他產品更靠譜些。如果換成Pear Watch，那可能就真的會使蘋果「鴨梨山大」。

當然，最後庫克為何不選擇iWatch，而選擇Apple Watch來命名，確實有點為了改變而改變、有點刻意想擺脫老賈光輝的味道。因此相比於Apple Watch，筆者倒認為原先所傳的iWatch名稱更能產生獨立產品系列的深刻認知。

蘿拉·里斯觀點 3：Apple Watch 的產品型號和價格等級過多。

在我們當前的認知中，由賈幫主所締造的蘋果似乎都在延續與傳承著簡約、單品這樣一種理念。但這種方式是否適合繼續應用在以時尚、穿、戴為基礎的智慧穿戴產業上，目前還難下結論。

在筆者看來，講這句話就好比對瑞士手錶說，你就一顯示時間的，搞那麼多型號、價格幹嘛；或者對時裝品牌說，你專賣店裡擺那麼多款式幹嘛，

不就是賣衣服嗎，有一兩個型號就可以了。這種單品的邏輯對於競爭相對成熟的產業與市場，或者一些初創的企業而言是有參考意義的。

但對於智慧穿戴而言，它是一個跨界於智慧與穿戴產業之間，將科技與時尚融合連接的產業，顯然用單一科技產品的思維理念去定義是不合適的。對於Apple Watch而言，它正在嘗試的就是時尚路線，就是想借助於時尚產業的消費方式來重新定義科技產業。

當然，對於蘋果在Apple Watch上的這樣一次嘗試，筆者現在很難下定論其是否成功，只能説如果蘋果這次嘗試成功了，將給整個科技領域的企業帶來一種新的玩法。

蘿拉·里斯觀點 4：Apple Watch 缺少「視覺錘」。

筆者倒不認為蘋果公司犯了這個錯，相反，蘋果公司使用了統一、簡單的缺口蘋果，通過產品、視覺等方面給消費者傳遞了一種蘋果品牌特有的價值屬性。

如果説三星、索尼等使用統一標識導致其沒有形成視覺錘而衰弱，那麼寶潔呢？一個充分使用視覺錘進行區分的巨頭，今天顯然也難逃衰弱的命運。

商業的成功、衰弱都有一定的歷史因素，不單純的是某一個行銷點或

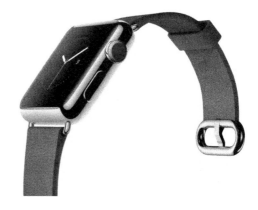

視覺點的問題。就如iPod的沒落與所謂的視覺錘，或是説一種平面視覺識別有什麼關係。

　　iPod之所以沒落，在筆者看來無非是兩方面的關鍵因素，一方面智慧手機的出現，取代了MP3的一些功能；另一方面蘋果公司本身也沒有再花大力氣在iPod上。

　　一些產品在產業技術更替過程中被邊緣化或淘汰是件很正常的事情，難道説蘋果公司給蘿拉·里斯女士付點錢畫個所謂的「視覺錘」就能拯救iPod嗎？這顯然是件理想國的事。

Apple Watch真的來了之後

Apple Watch，被智慧穿戴產業人員寄予厚望，同時也承載著華爾街諸多人員的夢想，在除朝鮮之外的世界目光注視下，終於從閨房中走出。只要你能給蘋果公司支付相應的「彩禮」，就可以把Apple Watch領回家。

兩大巨頭的不同功力

從首日開放接受預定的情況來看，Apple Watch顯然是成功的。儘管之前有很多聲音對Apple Watch表示不樂觀，但銷售的事實情況告訴我們，蘋果智慧手錶的商業化路徑是正確的。

在筆者看來，蘋果智慧手錶與谷歌眼鏡屬於完全不同的兩條路徑，但兩者對於智慧穿戴產業的發展都起到了關鍵的推動作用。谷歌最大的貢獻在於引爆智慧穿戴產業，而蘋果最大的貢獻在於推動智慧穿戴的商業化應用。

谷歌一直是通過軟服務來獲得市場。谷歌曾經多次嘗試著幹硬產品銷售的模式，包括其手機專案，結果都是以失敗而告終。但不可否認的是，谷歌在引爆產業方面的功力非常深厚。

蘋果則一直是通過銷售硬產品來獲得市場，同時圍繞自身的硬產品衍生軟服務。就目前來看，都獲得比較好的成功。同樣不可否認的是，蘋果在智慧硬體產品商業化方面的引領功力非常深厚。

因此在硬產品領域，蘋果與谷歌的不同之處在於蘋果是引領商業化；而谷歌的目的則在引爆產業，並把握軟服務平臺。這也是筆者在谷歌眼鏡發布

的初期就曾說過的，谷歌眼鏡的目的在於引爆這個產業，並圖謀大數據。

兩大人群將受益

如果說谷歌眼鏡讓智慧穿戴從科幻片中走出來，並走到了大眾的視線中。那麼隨著蘋果Apple Watch的落地，將正式開啟智慧穿戴的商業化普及之路。可穿戴設備將正式走入大眾生活，並被大眾所認知、理解、接受。

Apple Watch所帶來的這種市場教育將讓兩類人群成為最大的受益者。

一是智慧穿戴產業的從業者。

由於之前產業鏈並不成熟，同時又沒有清晰理解智慧穿戴的產業路徑，行業先驅們僅憑著智慧與熱情拼裝出了一些看起來像回事、用起來全是事的「智慧穿戴」產品出來，於是給一些消費者帶來了不同層面的誤導。

但隨著Apple Watch的導入，將重新改寫消費者對於智慧穿戴的認知，同時也向他們傳遞了更多的正能量，這會給一部分智慧穿戴產業的從業者們帶來相關的市場紅利。

二是鐘錶產業。

不論Apple Watch給傳統鐘錶業帶來的影響有多大、多深遠，但就短期來看，對於整個鐘錶行業都將是利好。至少蘋果Apple Watch的出現將讓很多已經脫下手錶，或者從未戴過手錶的人群從此走上了戴錶之路。

引導智慧手錶商業化方向

一直處於爭議狀態的可穿戴設備概念，隨著Apple Watch的正式接受預定，不能說引導了整個智慧產業的商業化方向，但至少讓智慧穿戴產業在智慧手錶方向有了更清晰的目標。不論是從技術層面、設計層面還是交互層面，都將給諸多智慧穿戴企業提供思考的方向。

當然，不論谷歌眼鏡還是蘋果手錶都讓我們看到大數據時代，由於資訊

氾濫，如何讓人從氾濫的資訊中解脫出來，回歸簡單、智慧的生活將是接下來用戶追求的一個方向。智慧穿戴將會成為，也是唯一能夠讓我們回歸簡單生活的載體。

比如從交互方面來看，智慧穿戴的核心交互將由當前相對繁瑣的介面交互轉變為更直接的語音交互與圖像交互，谷歌眼鏡與蘋果手錶都在這方面做了很好的探索。

儘管Apple Watch的交互技術還沒有完全通過語音與圖像取代介面交互，而是基於當前的介面與語音的結合來實現。但有個方向是非常明確的，也就是介面交互將被更為簡單、直接的語音交互與圖像交互所取代。

可以說，這種改變將同樣影響著下一階段搜尋技術的發展方向。在筆者看來，從交互層面，當前的介面交互將很快被語音、圖像交互所取代。

未來80%以上的搜尋將會以語音與圖像為主，這也是整個物聯網時代所帶來的生活方式的改變。而智慧穿戴將成為物聯網時代一個關鍵的出入口，成為連接人與萬物的唯一載體。

或將改變智慧產品定價邏輯

儘管當前Apple Watch的市場表現不錯，並且在未來一段時間內也會有不錯的表現，但筆者認為蘋果品牌的智慧手機在市場銷售過程中的危機也是

存在的。

　　我們暫且不談產品品質、性能方面的問題，就產品的銷售策略方面來看，蘋果智慧手錶售價人民幣10萬元以上與人民幣1萬元以下的性能、配置一樣，只是工藝、材質不同，這與蘋果手機以及傳統PC的定價邏輯有明顯的差異。

　　在當前的消費者認知中，除時尚、奢侈之外的產品，通常還是樂於接受不同價位之間的產品在性能、配置等方面有所差異。比如我們消費汽車、PC，哪怕是手機，同樣的款式只要價格不同，其技術參數、配置性能都會有明顯的差異。

　　但從當前蘋果智慧手錶的定價情況來看，顯然不是按PC的邏輯定價，而是按時尚產品來定價。簡單地說，蘋果智慧手錶賣的不是「布料」，而是「時裝」。但這種定價邏輯在智慧穿戴領域能否被蘋果定義成功，還需市場檢驗。

　　畢竟，在消費者決定購買的過程中，購買人民幣1萬元以下與人民幣10萬元以上的Apple Watch，除了表帶等外部視覺感受不同之外，產品的性能並無差異。當然，另外一種成功的可能性也有，也就是說不同的表帶直接定義了不同的身份。就如同奢侈品的操作方式，當不同的人佩戴不同的錶帶時，你的身份象徵將被直接定義。

　　如果Apple Watch這次能夠成功定義科技產品的定價邏輯，對於整個科技產業以及智慧穿戴產業而言，其影響的深刻程度不言而喻。

　　不論結果如何，單從Apple Watch的整個開發過程，以及呈現給我們的最終產品來看，有一點是肯定的，那就是時尚與科技的融合將是智慧穿戴產業的主流方向。

4-2 谷歌眼鏡

鳳凰涅槃，第三代谷歌眼鏡怎麼玩

　　日前，關於谷歌正式啟動第三代Google Glass開發的消息，再次讓這款令業界揪心的產品走入人們的視野。從2012年4月4日，谷歌正式發布被稱為「拓展現實」的智慧眼鏡專案之後，谷歌眼鏡可謂經過了一波三折，結果還是於2015年1月被宣布「英年早逝」。

　　那麼，Google Glass難道真的只是谷歌一支失敗的產品以及由此帶來的失敗銷售？從表面上來看，可能還是會有些人認同這樣的觀點。畢竟，這不是被親爹給「夭折」了嘛。但筆者要告訴大家的是，我們對於谷歌眼鏡的認知都是錯誤的。因為谷歌搞這款眼鏡的目的並不是銷售，而是布局移動互聯網；或者更長遠一點地理解，是探索物聯網時代的大數據搜尋平臺。

從財報看移動互聯網世界

　　在筆者跟大家具體闡述谷歌到底要拿這副Google Glass玩什麼之前，我們先來看看移動互聯網世界的商業模式到底面臨著怎樣的狀況。

　　谷歌的安卓系統，可謂占據著移動互聯網的半壁江山。在2014年，全球有超過20億的設備安裝安卓作業系統，而在2015年，有60%的設備都安裝安卓作業系統。當然，其中包括平板電腦、智慧手機、電腦以及其他一些新的設備。

　　根據Net Applications的統計，僅在智慧手機領域，安卓的優勢就非常巨

大，市場占有率達到了84.6%，已經接近個人電腦市場中Windows的地位，可謂獨霸江湖。

那麼問題來了，安卓系統讓谷歌賺錢了嗎？

一直以來，谷歌公司都沒有公開安卓系統的盈利能力。其中無非就兩大原因：一是安卓系統為谷歌賺了大錢，按照中國人的理解，為了避免樹大招風而不對外公布；二是安卓系統沒為谷歌賺幾個錢，谷歌也就不好意思講這個事情。到底是哪種情況呢？我們通過幾組財報來瞭解下。

① **谷歌財報。**

根據2015年1月30日，谷歌所發布截至12月31日的2014財年第四季度財報，谷歌第四季度總營收為181.0億美元，比2013年同期的157.1億美元增長15%；按照美國通用會計準則，谷歌第四季度總淨利潤為47.6 億美元，比2013年同期的33.8億美元增長41%。從這個財報的資料來看，谷歌賺的錢確實是越來越多，那麼接下來我們得看看這些錢到底是怎麼賺的，才能知道安卓的處境。

根據谷歌所公布的財報，對其進行拆分可以看出，首先，谷歌第四季度網站營收，即谷歌自己的網站所產生的營收為124.3億美元，在谷歌營收中所占比例為69%，比2013年同期的105.4億美元增長18%。也就是説，谷歌的老本行就是這個谷歌搜尋平臺為它賺了大部分的錢。

其次，谷歌第四季度網路營收，也就是谷歌合作夥伴網站通過AdSense計劃所產生的營收為37.2億美元，在谷歌營收中所占比例為20%，比2013年同期35.2億美元增長6%。也就是説，谷歌這個排第二的賺錢工具，其實只是谷歌搜尋平臺的一種延伸。

最後，谷歌第四季度其他營收為19.5億美元，在總營收中所占比例為11%，比2013年同期的16.5億美元增長19%。這個其他的賺錢門道還包括賣摩托羅拉給聯想後的收益，以及國際匯率的波動等，其中也有安卓的一部

分。當然，連谷歌自己都不好意思提了，其所處的尷尬地位可想而知。

② **微軟財報。**

再來看下微軟，就是占據PC系統江湖的大哥，和安卓的區別在於一個統治著PC互聯網，一個統治著移動互聯網，結果是怎樣的呢？2015年1月27日微軟公布截至2014年12月31日的財報顯示，微軟該季度營收265億美元，2013年同期為245億美元，同比增長8%；毛利為163億美元，2013年同期為162億美元，同比增長1%；營運利潤為77.8億美元，2013年同期為79.7億美元，同比下滑2%；淨利潤為58.6億美元，2013年同期為65.6億美元，同比下滑11%。

儘管賺的錢是少了很多，但關鍵是微軟所賺的錢大部分來自於它的PC系統。從財報中可以看出，谷歌靠做搜尋平臺，2014年第四季度的淨利潤為47.6億美元；微軟靠賣系統，淨利潤為58.6億美元。

從谷歌和微軟的財報中，我們可以清晰地看到：微軟的Windows與谷歌的安卓其實是幹著同樣的事情，唯一不同的是一個在PC互聯網領域；一個在移動互聯網領域。按理說，移動互聯網是趨勢，是當前的熱點，賺的錢應該更多，但現實情況卻是安卓至今還沒辦法為谷歌財報做出貢獻。無獨有偶，同樣的境況也出現在國內的微博和微信上。

微博：5月15日，微博公司發布了2015年第一季度財報。一季度微博月活躍用戶達到1.98億，淨增2200萬，同比增幅高達38%，創下上市以來之最，其中移動端月活躍用戶同比大增57%。微博商業化也取得良好進展，一季度總營收達到9630萬美元，同比增長43%，來自移動端的廣告收入占比達到58%，同比增長高達185%。當季微博利潤為290萬美元，連續兩個季度實現盈利。

微信：可以說面臨著和安卓類似的命運，也就是擁有龐大的用戶群體，但卻沒有一個能上檯面的盈利數字。

以上的資訊告訴我們一個情況，那就是在移動互聯網的大數據價值未形成並被挖掘之前，就當前的盈利能力與價值而言，處於相當低的一種水準。或者我們可以理解為，移動互聯網時期的移動商業模式並未能清晰地形成。

谷歌眼鏡的醉翁之意

難道，谷歌不知道移動互聯網當前的這種處境與狀況嗎？顯然不是的。那麼，谷歌又為什麼在親手「夭折」了前兩代Google Glass之後，還執著地進行第三代谷歌眼鏡的開發？原因很簡單，就是筆者前面所說的：谷歌搞這款眼鏡的目的並不是銷售，而是布局移動互聯網；或者更長遠一點地理解，是探索物聯網時代的大數據搜尋平臺。

移動互聯網與物聯網是整個互聯網不可逆轉的演變趨勢。對於谷歌，這個依賴於PC互聯網時期所建立的大數據搜尋平臺發展起來的企業來說，深知大數據搜尋平臺的價值，所以才會不惜重金去探索移動互聯網與物聯網時期的技術與生活走向。而在這個趨勢走向中，不可或缺的關鍵載體就是可穿戴設備。

因此，谷歌在可穿戴設備開始出現苗頭的時候，就拋出了谷歌眼鏡，並由此引爆了整個可穿戴設備產業。但是，谷歌一直就沒有對它的Google Glass進行商業化銷售，而只是做了一些限量的測試性銷售。這一系列的舉動傳遞給我們一個非常清晰的動向，那就是谷歌壓根就沒打算去好好地賣這款智慧眼鏡。因為對於谷歌來說，搭建大數據搜尋平臺，並借助於此獲利才是它的強項，硬體開發與銷售更多的則是蘋果的強項。

那麼對於谷歌來說，如何引導全世界的創客共同投入到可穿戴設備這一領域中進行探索，並共同培育整個產業鏈就顯得非常重要。因為只有足夠多的用戶接受，並且產生大量的資料，此時基於其移動互聯網系統的大數據搜尋平臺價值才能有效形成。

　　同樣，最近谷歌已經明確將開發第三代的谷歌眼鏡，並由NEST部門來實現商業化開發。筆者可以告訴大家的是，谷歌收購NEST這個專案就沒打算去幹智慧家居硬體產品這個活，其目的與谷歌眼鏡類似。唯一不同的是，谷歌眼鏡是谷歌自己花了大把的錢去探索，並獲得資料的累積；而NEST則是直接花大把的錢去收購資料累積。

　　谷歌的一切行為都在指向它的大數據搜尋平臺，也就是如何在移動互聯網與接下來的物聯網時代，通過系統平臺來占據這些資料出入口。

　　基於上面的分析，筆者可以明確地告訴大家，第三代谷歌眼鏡的目的依然不在於眼鏡本身。而其將這個專案轉向商業化開發的目的非常簡單，經歷了將近三年的探索，以及全世界各類人員的「拍磚」[①]，在聚光燈下的谷歌眼鏡可謂收穫了大把的資訊。

　　其中主要有兩方面：一方面是就可穿戴設備本身而言，其產品的技術、應用改善；另一方面是基於硬體之外的大數據應用價值挖掘方向。

初探第三代谷歌眼鏡

　　那麼對於谷歌第三代智慧眼鏡是否會推出，以及會有哪些改變，筆者的判斷如下。

① 就谷歌眼鏡這個專案本身而言，第三代谷歌眼鏡必然會推出，因為當前整個智慧穿戴產業的發展並未達到谷歌的預期。因此，它必然會進一步通過推出谷歌眼鏡，甚至推出更多的一些智慧穿戴產品來推動與引導產業的探索方向。

② 就產品設計方面而言，第三代谷歌眼鏡將會有比較大的改變，至少不會像之前的產品，讓人一看就是個異類。並且有很大程度的可能性會學習Apple Watch，採用最為大眾的傳統眼鏡表現方式，當然也會加入更多的

① 拍磚：大陸網路用語，意指發表不同意見。

時尚元素，不論是近視與非近視用戶的佩戴需求都能得到很好的滿足。

③ 就產品技術方面而言，第三代谷歌眼鏡會在語音交互與眼球交互方面有更多的改進；而其他的一些方面，如電池續航、攝像頭像素、虛擬實境等方面都會有所改善，因為這些技術本身就在摩爾定律中演變。

④ 就產品應用方面而言，第三代谷歌眼鏡在推出後必然會開放相應的開發者許可權，甚至是一些大數據接入許可權。以最大程度地讓用戶與開發者們參與其中進行互動，並不斷尋找、挖掘、拓展應用領域，同時在不同領域形成大數據基礎，圓谷歌移動互聯網時期的大數據搜尋平臺之夢。

當然，不可回避的是，新一代谷歌眼鏡的推出會給當前的社會管理方式與生活方式帶來影響與改變，尤其是安全與隱私方面的問題。比如，當我們更多的生活、工作是借助於谷歌眼鏡所完成，必然會產生更多的資料，而這些資料的安全就成為了用戶擔憂的問題。但這不是谷歌眼鏡所面臨的獨家問題，而是即將到來的整個物聯網時代的共性問題。可以說在物聯網時代，當萬物相連並資料化之後，人與物幾乎不存在隱私一說，所有的隱私都只是某個特定層面的一種相對隱私。

別為谷歌眼鏡瞎操心了

一段時間以來關於谷歌眼鏡的事件受到了媒體的關注，主要是由其一些人才流動所引發。這讓很多人為谷歌眼鏡擔心，覺得谷歌在智慧穿戴領域可能會面臨失敗的風險。筆者想告訴大家，其實我們很多時候對於國際巨頭的理解都是錯誤的，尤其是對於谷歌眼鏡的理解。

筆者曾經撰文〈可穿戴病歷，谷歌眼鏡的垂直應用〉就講到谷歌進入可穿戴領域的目的是占領移動互聯網時代的資料入口，並建立基於移動互聯網的大數據搜尋平臺。包括谷歌收購NEST的行為在內同樣不是為了進入智慧家居的產業領域，而是為了搭建大數據搜尋平臺。

因此谷歌眼鏡的重點並不在谷歌眼鏡上，當然谷歌對於智慧硬體領域展開的一系列收購行為其醉翁之意不在酒，而在圖謀大數據平臺，旨在移動互聯網時代綁定用戶。我們都知道谷歌是幹什麼的，它是幹搜尋，也就是大數

據平臺這個事情的。那麼我們來試想一下，谷歌會拋棄自己的老本行而轉行去幹智慧穿戴或者智慧家居這一實體產業嗎？筆者可以很肯定地告訴大家：不會。

那或許大家會問筆者，谷歌為什麼花那麼大力氣推出谷歌眼鏡，而且還不斷地做各種測試、不斷地在完善。我們回過頭來看，今天的可穿戴設備為什麼如此爆紅，這把火是誰點起來的，正是谷歌通過谷歌眼鏡點起來的。再看，今天的智慧家居為什麼這麼爆紅，這把火又是誰點起來的，也是谷歌通過收購NEST點起來的。

然後當大家都在這個火堆裡添柴的時候，我們發現谷歌沒什麼動靜了，悄悄地轉去搞系統平臺了。而就在大家通過不同的方法，克服了智慧家居、可穿戴設備行業各種各樣的困難，同時又面臨著智慧設備應用系統缺失的時候，谷歌又出現了，而且告訴大家它已經搭建好了專門的可穿戴設備系統應用平臺以及專門的智慧家居平臺，正準備提供給各位開發者使用。

此時，谷歌的意圖已經越來越明顯了，因此筆者不太明白為什麼還有很多人為谷歌眼鏡的開發者離開而憂心忡忡。對於谷歌而言，谷歌眼鏡已經引爆了整個可穿戴設備產業。而之前谷歌需要自己研發眼鏡的主要原因是缺乏可以支撐其搭建移動互聯網時期的搜尋平臺，因此只能通過自身研發產品來進行一些測試，並通過這些測試與試用獲得經驗累積，以幫助其完善移動互聯網大數據平臺的搭建。

在PC互聯網時代，我們對於互聯網的黏性是按小時，或者說按天計算，此時我們只要掌控PC端的資料平臺就可以把控用戶了。但是移動互聯網時代不一樣，其黏性是按分鐘計算，我們可以沒有電腦，但是我們現在很多人幾乎不能離開手機。這就讓我們看到移動互聯網與PC互聯網的最大區別，就是用戶黏性時間被縮短。

而到了可穿戴設備時代，使用者的黏性被進一步縮短，從基於手機按分

鐘計算的用戶黏性被壓縮為按秒計算。此時谷歌如果要繼續保持大數據平臺的優勢，就必須從用戶黏性這個角度思考。這就讓我們看到谷歌推出了穿戴式的谷歌眼鏡，並引爆了可穿戴設備這個市場。因為谷歌清晰地認識到，移動互聯網時期最終極的使用者黏性就是基於可穿戴設備。

因此對於谷歌而言，谷歌眼鏡並不是其真正目的。正因如此，我們看到谷歌眼鏡似乎從來就沒有認真地考慮其商業化的事情，總是在不斷地探索、不斷地引導可穿戴設備的方向，包括在醫療領域的探索。

最後借用一句歌詞來說，沒事洗洗早點睡吧。大家就不要為谷歌眼鏡瞎操心了，人家想幹的事情已經幹成功了，那就是吸引了全球那麼多的媒體、資本、人才蜂擁進入了可穿戴設備產業。而這些設備中，未來會有很大一部分將使用谷歌的可穿戴設備系統平臺，而這些使用者將會為其締造可穿戴設備所帶來的大數據帝國。對於谷歌眼鏡而言，其商業化的拓展已不在於硬體本身的限制，而在於缺乏移動互聯網的大數據支撐。

戰略轉移，
谷歌眼鏡發力於企業市場

　　谷歌眼鏡，在消費市場頻頻受挫的智慧穿戴設備，被科技部落格9to5google爆出下一階段的戰略部署將轉向企業市場。谷歌眼鏡停掉探索者專案之後，經過半年時間的調整，出現向企業市場發力的跡象，而引爆企業市場或將成為未來谷歌眼鏡在消費市場制勝的關鍵一招。何出此言？聽筆者慢慢道來。

可穿戴市場的明天會更美好

　　根據美國聯邦勞工統計局2012年的資料，大約4600萬美國人從事的行業，需要可穿戴設備的協助。而到2022年，這一數字將增長到5200萬人。這還僅僅是美國，如果站在全球市場來看，那這個資料就更會讓人興奮了。

　　市場研究公司Forrester Research的最新研究顯示，全球68%的受訪企業表示「會優先考慮」將可穿戴產品引入公司，這一資料與2010年只有43%的企業將雇員使用移動設備設定為首要或高優先順序形成了鮮明的對比。另外，普華永道（PWC）對1000名美國成年人進行的一項研究表明，77%的受訪者認為可穿戴技術最重要的好處是可以發掘自身潛力，從而使自己的工作更有效率；46%的受訪者認為公司應該為其員工投資可穿戴技術。

　　其實無論是電腦、智慧手機還是平板電腦，在市場開拓前期，企業向來都具有「身先士卒」的精神。據瞭解，在移動浪潮初露端倪之際，企業市場就已經開始在辦公中引入並普及了各類比較前沿的技術。在智慧手機時代，黑莓的商務手機曾經出現在每一個企業高管的手中。現在到了可穿戴時代，各種形態的智慧穿戴設備也很有可能會首先出現在媒體、醫院、學校，甚至製造工廠、戶外高危環境等相關工作人員的身上。以波音公司為例，他們的

一些工程師開始拋棄部分製造業務中所需要的傳統指令手冊，只需要佩戴智慧眼鏡就能夠快速獲得手冊內容。

市場研究機構Gartner的研究報告顯示，使用谷歌眼鏡或類似設備的企業將會在三到五年時間裡為公司節省10億美元；其中主要在技術修理、醫療保健和製造行業，無須雙手操作訪問互聯網、攝像頭和視頻通話這些功能將會派上大用場。美國一家名為Dignity Health的醫療機構在使用谷歌眼鏡即時記錄問診過程後，醫生用於輸入資料的時間比例從33%降低到9%，與病人溝通的時間比例則從35%增至70%。

相較於個人，企業消費者往往具有更前瞻的商業視野和更靈敏的商業嗅覺，只要這些新技術、新產品能為企業提升效率、節約成本，他們是不會介意做第一個吃螃蟹的人的。

對谷歌眼鏡而言，企業市場無疑是一片藍海，無論其中的風險有多大，也比谷歌眼鏡繼續冒險挺進個人消費者市場來得更保險些。畢竟，圍繞谷歌眼鏡的負面輿論已形成螺旋效應，占據壓倒性勝利。基於此，不管是出於對時代大背景下企業巨大市場前景的戰略布局，還是當前在消費市場受困而出的緩兵之計，谷歌眼鏡選擇進入企業市場都是明智之舉。

「Glass at Work」讓谷歌在企業市場一路飆紅

毛主席曾在《抗日遊擊戰爭的戰略問題》中提到，打遊擊時，遊擊隊當分散使用，即所謂「化整為零」。無獨有偶，谷歌轉戰企業市場，其實就是對整個市場實行「化整為零、各個擊破」的戰略。因為每一個企業，都是大市場這個面上的一個點。

2014年3月，一家名為Augmedix且專門為醫院及醫生辦公工作開發谷歌眼鏡應用的初創企業獲得了一筆總值320萬美元的風險投資。道瓊斯稱之為「第一次面向谷歌眼鏡專用應用開發廠商的公開投資活動」，這一投資行為

讓人們對於谷歌眼鏡在企業領域的應用有了更多的遐想與期待。

2014年，谷歌開始啟動「Glass at Work」專案，這個專案的主要目的就是為企業開發針對性的谷歌眼鏡應用，以幫助企業改善工作環境、提升工作效率。

2014年6月，谷歌宣布了首批5家「Glass at Work」認證合作夥伴，分別為APX、Augmedix、Crowdoptic、GuidiGO 和Wearable Intelligence。

這五家「Glass at Work」認證合作夥伴分布在各行各業的各個領域。它們所開發的應用都有著明確的專業針對性，需要使用者有一定的專業素養。例如全球最大的油田技術服務公司斯倫貝謝（Schlumberger）與WearableIntelligence合作為技術人員開發了專用的谷歌眼鏡應用，幫助他們快速獲取需要檢查的物品上的具體資訊，從而大大提升了工作效率。

谷歌眼鏡雖在消費市場被各種驅逐，但在企業市場可謂一路飆紅。「Glassat Work」專案的合作夥伴也迅速增長至數十個；而且，谷歌表示還將繼續向「Glass at Work」專案投資，尋找更多的企業開發商。負責為谷歌眼鏡提供認證的APX Labs的聯合創始人兼首席執行官布萊恩·鮑拉德（Brian Ballard）表示，銷售給企業的谷歌眼鏡正變得越來越多；每個季度的增長率都高達數倍，簽約的客戶包括飛機製造商、汽車製造商、電力公司、電信公司等。

谷歌眼鏡能在企業市場如此吃香，充分説明了它能滿足用戶個性化需求的實力。因為對於谷歌這種實力派的選手而言，技術往往不是最大的問題，不了解客戶的心意而引發其負面情緒才最讓人頭疼，這也可能是它在個人消費市場敗下陣來的癥結所在吧。

谷歌眼鏡版的「曲線救國」怎麼玩

谷歌將開發谷歌眼鏡的專案命名為「Google Glass Explorer」，足以表

明其在一切行動上抱以「嘗試、探索」的心態。既然是「探索」，那就有機
會調整戰略，再來一次。

① 先點火 再造勢。

可穿戴設備在企業領域的市場有多美，已無須再贅述。但是就目前整個
可穿戴設備的發展格局來看，大家還是偏向於往個人消費者市場擠，這只要
登錄全球各大群眾募資網站便可見一斑。大大小小的玩意兒都是給各種愛好
人士研發的，雖然結果是成批成批地死掉，卻還總能「春風吹又生」，頓感
場面無比壯烈。谷歌眼見自己曾經點的這把火不僅沒有越燒越猛，反而有身
陷囹圄之險，於是便琢磨著再點把火救急，可要點哪把火呢？

於是，可穿戴設備的企業市場便燃起來了！「Glass at Work」率先開啟
了可穿戴設備企業市場的生態圈。首先，谷歌擁有自己的智慧硬體——谷歌
眼鏡，是目前同類產品裡最高逼格[2]的；其次，谷歌擁有自己的可穿戴設備系
統——Android Wear；最後，也是最關鍵的，一方面有越來越多的買賣雙方
加入，即更多的應用開發商願意加入「Glass at Work」專案為不同的企業開
發專門的谷歌眼鏡應用，另一方面更多的大牌企業嘗到了這一服務的甜頭，
願意購買谷歌眼鏡以及相應的問題解決方案。

健康的生態圈一旦被建立起來，剩下的就只是時間的問題了。

② 先信心 後期待。

谷歌當初推出「Glass at Work」專案的一個目的，是借谷歌眼鏡在企業
市場的正面資訊弭平其在消費者市場的負面資訊。目前，「Glass at Work」
意義顯然已不只在於此，而勢必將進一步激發消費者對谷歌眼鏡的信心，甚
至充滿期待。因為進入企業市場，不僅意味著谷歌眼鏡要攻克「服務定制
化」難題，同時還要解決個人消費者最關心的「資訊安全」問題。

作為企業，引進可穿戴設備的主要目的就是簡化工作流程，提升工作效

①逼格：由「裝逼」衍生的詞彙，如逼格高的人可能在逼格低的人面前裝逼。

率，因此他們對設備提出的要求跟個人消費者提出的會有所差別。據媒體報導，谷歌眼鏡為了進入企業市場，首先在硬體上做了比較大的調整，配備了更大的稜鏡顯示器、性能更強的英特爾Atom處理器，以及可適度延長續航時間的外掛電池；而且，下一代專為企業研發的谷歌眼鏡將減弱為迎合服裝搭配的顏色選項方面的設計。

谷歌眼鏡在滿足不同企業需求的過程中，一方面能夠推動谷歌眼鏡不斷嘗試功能上的更新升級，使其有更多的機會探索這款眼鏡的潛力；另一方面在不同的領域摸爬滾打一段時間之後，便能總結出一些產品開發或者設計經驗，從而在這個基礎上進一步揣摩個人用戶的消費心理。因為，討好一個企業用戶和討好一個個人用戶在本質上沒有多大的區別。

就拿谷歌眼鏡在個人消費市場遇到最大的鴻溝，關於個人隱私安全性的問題來說，如今谷歌調整戰略先進入企業市場不代表這個問題已經解決，或者企業不存在這個問題；相反對於企業用戶來說，隱私安全問題更加尖銳。比如在醫療領域，醫生可以利用谷歌眼鏡隨時記錄下病人的私密資訊甚至手術過程，這些資訊一旦暴露，不僅會給用戶本身帶來巨大的傷害，對企業來說也是致命的。而谷歌眼鏡既然選擇為企業提供服務，隱私安全自然是逃避不了的問題。所以，對谷歌眼鏡而言，這既是一次挑戰，同時也是一個力挽狂瀾的時機。

對於谷歌眼鏡來說，進入企業市場對其解決隱私安全問題至少有以下兩方面意義：其一，谷歌眼鏡沒來得及在消費市場證明自己，那麼可以在企業市場進一步證明，把與消費者之間的誤會解釋清楚；其二，在與各企業，尤其是「Glass at Work」認證夥伴的合作過程中，可以借多方力量更好地解決其在隱私安全方面的問題。

有句俗語叫「槍打出頭鳥，刀砍地頭蛇」，谷歌眼鏡既然成為萬眾矚目的明星產品，那麼消費者對它有些要求肯定是不過分的。而順帶把可穿戴設

備時代的資料隱私安全問題也砸向它，谷歌一時半會兒解決不了，也是情有可原的，因為這是個時代性問題；如果解決了，那就樹立了標竿，第一代可穿戴設備隱私保護政策可能就由此誕生了。

講了那麼多，就想說明一點，谷歌眼鏡選擇進入企業市場，必將左右逢源。至於這和個人消費市場有什麼關係，很簡單，如果谷歌眼鏡在企業市場表現上進、卓越，那麼這將為谷歌眼鏡在個人消費市場贏得信心。因為企業市場和個人消費市場有時候也很難有個明確的界限，歸根結柢都是人在使用，這就能為谷歌眼鏡在個人消費市場累積前期用戶。

或許有人擔心過度地關注企業市場，谷歌眼鏡是否會出現像當初黑莓手機一樣的危機，即由於過分關注企業市場而忽略個人消費者，最後導致個人消費市場反過來作用於企業市場，使自己陷入一種全然被動的狀態？筆者認為谷歌對Glass專案人員的重組已經給了這個問題答案。

Glass專案人員重組說明，谷歌眼鏡在進軍企業市場的同時，也會繼續對個人消費市場的戰略布局。因為谷歌將智慧眼鏡交給了一個更加瞭解個人消費類產品市場的菲德爾來打理，而他兼具設計與行銷的眼光。

總結

谷歌眼鏡從誕生至今，可謂命運多舛，但這並不是谷歌眼鏡本身發生了什麼重大的戰略失誤導致的，而恰恰反映的是整個可穿戴設備時代的問題。谷歌眼鏡的問題存在於任何一款可穿戴設備上，只不過谷歌眼鏡成了那「早起的蟲子」，被所有「鳥」盯上了而已。

無論如何，谷歌首席財務官派翠克·皮謝特（Patrick Pichette）的一席話，讓筆者對谷歌眼鏡的未來有了更多冷靜的期待，他談道：當團隊無法跨過障礙，而我們認為市場上仍有很大的機會時，我們可能會讓他們暫停下來，花一些時間去重啟策略。

4-3 其他

被央視曝光的兒童智慧手錶路在何方

日前，據央視2套《第一時間》報導，兒童定位手錶在接聽電話的瞬間，輻射比手機大得多，甚至有可能超過手機1000倍。央視用來做測試的3塊兒童定位手錶分別從實體店和網上購得，價格分別是人民幣148元、380元、798元。樣本測試同時表明，兒童定位手錶的輻射值與價格並沒有直接關係。

央視曝光兒童定位手錶意欲何為

繼曝光蘋果、三星等智慧手機問題之後，再度把目光聚焦在可穿戴設備領域的央視，此次對兒童定位手錶的高輻射進行曝光，到底意欲何為？或許我們可以從多個角度去理解：從話題的角度來看，央視選擇當前大家比較關注的可穿戴設備產業，並且從關注度最高的兒童智慧手錶入手，必然會引起

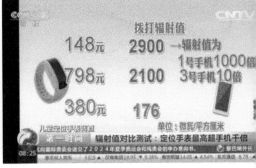

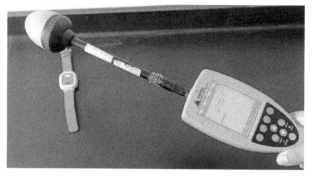

很大一部分人群的關注；從商業的角度來看，我們也可以理解為一些大牌聯手央視希望建立產業門檻，並推動產業規範；從責任的角度來看，我們可以理解為央視對於即將到來的物聯網時代相當關注，並以自身媒體這樣一種獨特的身份為可穿戴設備產業的發展提供建議，希望能夠引導產業更健康地發展。

我們都知道可穿戴設備產業在被谷歌引爆之後，至今一直處於快速發展階段，不論是終端產品或是產業鏈技術環節都在快速探索、演變的過程中。但是受制於產業鏈技術，以及人才、市場環境等因素，導致目前大部分可穿戴設備產業的人員集中在智慧手錶、智慧手環等領域進行市場挖掘。

不論是通訊企業、互聯網企業、家電企業、醫療企業或是創業者，很大一部分人員在進入可穿戴設備產業時，都選擇了從手腕可穿戴的環節入手。這就導致在目前的可穿戴設備市場，一方面產品形態相對集中，產品差異化不明顯；另一方面一窩蜂之後就推動了智慧手錶、智慧手環這一市場開始出現垂直細分。

就智慧手錶而言，目前已經進入一個相對細分的市場模式，比如有針對老人的、白領的、健身的、跑步的、兒童的等。

可以說，老人與兒童在以上諸多的細分市場中是屬於一個相對比較特殊的市場，尤其是兒童市場。一方面是兒童從生理角度與我們成人存在差異；另一方面是兒童比較受成人的關注，其消費通常也是由成人主導。於是就吸引了各類企業開始進入兒童市場領域進行探索，但這種行為我們從正面的角度來看是可穿戴設備產業的從業人員對兒童市場重視，而從負面的角度或許可以理解為這個市場更好「糊弄」。因此在筆者看來，央視此次針對於兒童

定位手錶高輻射的曝光，至少可以說為那些被蒙在鼓裡的消費者做了件「良心事」。

輻射問題兩面看

關於央視就兒童定位手錶高輻射的曝光事件，站在產業角度以短期的視角來看，央視這一行為無疑將對可穿戴市場造成一定的影響；但是站在產業角度以長期的視角來看，筆者認為不論央視曝光的專業程度如何，都將在一定程度上推動產業更好地進入規範化發展。當然，從另一個層面來看，只要我們做產品的人不是以「投機倒把」的心態，而是真正具備了一定的技術實力，並且真正站在兒童的角度來考慮、設計、開發產品，那麼我們根本就不需要擔心央視曝光與不曝光這樣的問題。

基於當前可穿戴設備的產業化並未形成，整個產業鏈尚處於探索階段的客觀現實，相當一部分創業企業還不具備研發以及相關技術的控制與檢測能力；再加上很大一部分創業公司是以「輕資產」為主，從產品的方案設計、零部件採購、產品組裝、演算法、雲端服務平臺等都是直接通過相關的外包公司來獲取，而公司自身則更多地側重於行銷包裝的層面。當然對於這種情況我們也可以理解，畢竟創業團隊本身的資金實力、人才、經驗、產業知識等都存在著一定程度的局限性，而這時候團隊選擇「快速致富」的道路亦無可厚非。

此外，我們也不排除一部分人員在進入這個產業時，就抱以一種「投機倒把」的心態，希望借助於物聯網時代的趨勢來淘金一把，而這類產品通常都處於低價位的市場。無論哪一種情況，都或多或少地受制於當前的產業鏈技術，以及自身的實力和能力，所以製作出來的產品也就難免帶著這樣那樣的無奈，區別可能只是大小多少的問題。

相反，大型企業由於自身企業本身的實力，不論是從技術、產業鏈整

合、資金還是人才等層面都具有一定的優勢。另外受制於自身品牌的因素，在無形中促使了其犯錯的代價遠高於一般的創業企業。因此，其產品在研發過程中有一定的把控性，相對來說在輻射層面以現有的通訊標準為參照的話，完全可以做到，並且有一些也已經做到了。面對央視的這樣一次曝光，我們很難去定義產業的「有意」還是「無意」行為，或許我們可以理解為央視對新興產業有比較高的期待。

資訊安全比輻射更重要

我們在關注產品輻射的同時卻忽視了一個更為重要的問題，那就是產品的資訊安全。很多人面對央視這次的曝光，通常都是批評其非專業性。其實在筆者看來更要感謝央視，正是由於其「非專業」，所以在曝光的時候沒有選擇一些更具有殺傷力的產品關鍵問題進行曝光。

我們都知道可穿戴設備一個關鍵的價值就在於資料化，佩戴在兒童身上我們可以資料化，清晰地知道他的大致行蹤，以及他的生活作息規律。這對於父母而言，可以通過智慧手錶更好、更直觀地瞭解小孩平時的一些生活規律；但同時，危機似乎更大於當前所帶來的正面價值。

正是由於智慧手錶讓兒童平時的生活軌跡資料化，一旦資訊出現不安全的因素，其後果是非常嚴重的。作個不恰當的比喻，本來對於犯罪分子來說，要拐賣一個兒童或者是綁架一個兒童等犯罪活動需要對被犯罪物件進行蹲點，之後掌握其生活規律才能實施犯罪活動。而在這個過程中，由於蹲點行為就必然增加了其犯罪行為被曝光的概率。

但佩戴了智慧手錶之後，一旦我們無法保障伺服器上的資料安全，對於這些犯罪分子來說，只要駭進伺服器，一切資訊將一目了然。當然，這是整個物聯網時代所面臨的問題，但對於以安全為首要功能、概念的兒童智慧手錶產品來說，這就是個風險、是個問題。

標準缺失下的產業發展

目前，針對可穿戴設備的產業標準是缺失的。當然，目前也有一些機構、部門在思考，希望能夠建構、推出相關的產業標準，但可以預見短期之內標準難以出爐。原因很簡單，尤其對於國家標準而言，其本身就具有一定的權威性、時效性，而目前的產業現狀是整個產業鏈技術在快速演變，這種變化對標準的「固化」、對標準成為標準就產生了一定的衝突。

一旦標準確定，產業的相關企業必然就會照著這個標準開發相關的產品，而企業的產品開發又具有一定的週期性。那麼，面對一個快速發展的產業，當前如果制訂標準，一個可能就是不斷修訂，而後企業要不斷地改進產品，這顯然在實際操作中是不現實的；另一個可能就是標準滯後於整個產業技術的發展，那麼標準的價值就失效了。因此，對於可穿戴設備產業而言，目前確實處於一種尷尬的局面，制訂標準與不制訂標準都是一種「錯」。

從這個層面來看，央視的曝光顯得缺乏了一定的產業高度。最簡單的例子就是與當前火熱的另外一個產業相比，即3D列印，這個產業也是處於技術快速演變、產業標準缺失的狀況下，但央視對於3D列印產業表現出的是一種追捧，而對於更具有顛覆性的可穿戴設備產業表現出的卻缺乏了一定包容與高度。或者說央視的曝光缺了一個宣導有關部門儘快制訂相關產業指導意見，或者產業規範的呼籲與意見。

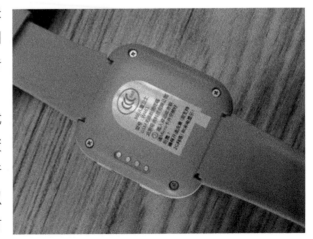

不過這個事件也讓我們看到了一個更為重要的資訊，那就是產業急需要進行規範，儘管在短時間內難以形成正式的產業標準，但有

關部門需要儘快制訂相關的指導意見，尤其是對於兒童、醫療等方面的可穿戴設備。需要在安全指標方面，比如輻射、定位、資料等制訂相應的指導意見，而這種指導意見在一定程度上具有「強制」性。

產品存在行銷過度問題

不論央視的行為當與不當，冷靜、客觀地來看待當前的產業本身，確實存在著一些問題。至少從目前這幾年發展的路徑來看，在終端產品的層面，也就是產品組裝、雕花層面有了不錯的發展，但在整個產業技術、產品技術層面還是缺乏一定的沉澱。如果說我們都抱著將產業技術問題寄希望於他人身上，那麼當所有的人都抱著這樣一種心理的時候，其後果對於整個產業而言是災難性的。而從目前市場上表現出來的產品來看，這種情況卻是普遍存在著。

再者，不論是對於哪個層面的產品，目前或多或少都存在著行銷概念大於應用實際，筆者稱之為行銷過度。行銷過度如果進入兒童產品領域，那麼其很可能將帶來更為嚴重的後果。就比如當前的兒童智慧手錶，我們暫且不討論它的通訊輻射問題，就以主打的「定位、防丟、防拐」等功能來看，也是不適宜的。

從技術層面來看，目前無非是借助於基地台、Wi-Fi 等相對還處於粗放狀態下定位技術，尤其是在室內定位技術以及高精度定位技術沒有實現的情況下，當前的定位技術只能作為一種參考性功能。而對於這種參考性

功能，如果我們在行銷過程中刻意將其功能放大，並將其現實存在的問題與風險弱化，這對於成人領域或許可以接受，因為成人本身就有對事務風險把控與處理的更高能力。

但應用在兒童領域就不一樣了，尤其是在當前拐賣情況經常出現的社會環境下，如果我們為了「賺錢」而抓住父母的這樣一種心理，並且將這種本身就不太靠譜的技術行銷成非常可靠的技術，這儘管不能説是「害人害己」，但至少為風險埋下了禍根。也就是説，一旦兒童領域以安全為主打概念的產品，在技術上存在著客觀的不成熟因素，那麼經過過度行銷之後，可能就會導致事與願違。本身父母還具有一定的防備意識，如果因為相信了這種高科技的「定位、防丟、防拐」產品而降低了防備心理，那麼所出現的問題對於一個家庭來説無疑是災難性的。

在筆者看來，行銷並非不好，只是技術還存在著一些客觀制約的時候，尤其在兒童等特殊群體的產品領域，我們不僅不能將這種風險刻意地隱瞞，並且還要直接在行銷過程中清楚地告訴消費者產品的技術風險。或許這樣做對於行銷本身會是一種挑戰，但如果因為誠實的商業理念給產業的發展帶來一定的制約，至少在筆者看來寧可犧牲兒童這個特殊的市場。這是行業的責任，更是企業的道德。

微軟智慧手環脫銷帶來的商業啟示

　　有消息稱，微軟新出的智慧手環銷售爆紅曾脫銷。然而，微軟的智慧手環實際上卻並沒有新奇特的技術，如果非要找創新點的話，通過Cortana語音助理進行筆記記錄及日程提醒可以說是微軟手環的一項獨特技術。儘管這項技術相比於Nike+的智慧手環有創新性，但Nike+在結合其運動鞋的監測上也形成了自身獨特的優勢。

　　從銷售價格方面來看，這兩款產品也是不相上下，微軟的智慧手環售價199美元，而Nike+智慧手環的售價149美元。

　　就美國市場而言，微軟的智慧手環比Nike+智慧手環高出了50美元。這個價格跟中國內地目前主流的智慧手環銷售價格差不多，中國目前主流的智慧手環銷售價格也是在人民幣1000元上下。當然在可穿戴設備行業也有價格奇葩存在，比如bong 2以人民幣99元對決小米的人民幣79元。筆者也一直在觀察這個產業，發現很多文章說制約可穿戴設備發展的一個關鍵要素是價格太高，也有人認為bong 2以99元對決小米79元的智慧手環會引發可穿戴設備行業的價格戰。

這在筆者看來，還是那句老話：也對也不對。首先，從市場表現來看，儘管bong 2和小米的智慧手環都是百元以下，似乎又是扮演著顛覆產業造福人類的角色出現，但市場卻不為所動。反而是耐吉和微軟這上千元的智慧手環獲得消費者的追隨，很多中國的用戶都在通過不同的管道代購，希望獲得這些產品。這是為什麼呢？微軟智慧手環脫銷又給我們帶來什麼啟示呢？

　　筆者在2012年就開始呼籲可穿戴設備產業，在很多場合一直堅持呼籲進入可穿戴產業的一些準則，或者説是商業模式與忠告。而筆者在《智慧穿戴：物聯網時代的下一個風口》一書中也用了一些章節專門來闡述這方面的問題，希望能引導可穿戴設備產業在發展過程中少走彎路。這裡筆者再次呼籲，主要有以下幾方面。

① 簡單。這主要針對於三方面，一方面是可穿戴設備本身的外觀造型設計要簡單，智慧產品的核心不在於外觀的複雜，而在於智慧的本身與系統的應用。這就如同蘋果產品所追求的極簡理念，這種理念在筆者認為是移動互聯網時代產品外觀造型設計的主流理念。其次是可穿戴設備的APP交互系統要簡單，在碎片化閱讀時代，沒人有耐心去研究那種複雜的所謂高級的交互；反之，不用大腦思考，圖示清晰直觀的一看即懂的簡單交互才是王道。最後是功能要簡單，2/8原則告訴我們智慧產品80%的功能不是用戶主要使用的，因此萬金油式的智慧穿戴時代至少在目前還沒成熟，也還沒到來。

② 極致。這主要是説要將功能做到極致，把任何不成熟的技術全部砍掉，哪怕只剩下一項成熟的技術，將這一項技術或功能做到極致，就能獲得市場的認同。當前諸多可穿戴設備被使用者吐槽的一個關鍵原因是一些可穿戴設計走上了高科技寵物的路徑，只是比拚炫酷的技術並不能獲得商業化的成功。

③ 細分。不要想像著用一款產品打遍天下，征服14億人，因為我們不是賈伯

斯，就算是賈伯斯在世也無法做到。小米再瘋狂，所收穫的無非也就是一群特定的人群。尤其對於可穿戴設備，更是需要切入細分的市場，比如全國有那麼多的健身會所，我們針對於健身發燒友，結合健身教練，打通健身會所做一款專屬的健身可穿戴，就這個市場都大有可為。

④ 不要搞價格戰。筆者在商學院授課時有句名言，也是對企業家的忠告：「凡是以價格戰取勝的，最終必因價格戰而亡。」也不要迷戀所謂的互聯網思維，這只是互聯網領域的人忽悠實體產業的一種精神誘導，供應鏈整合在產業整合領域從來就不是什麼新鮮事情。更不要相信小米所謂的硬體不賺錢，軟體與服務賺錢。面對通貨膨脹的今天，菜市場的白菜都在漲價，而作為時代最前沿高科技產業的可穿戴設備，你好意思賣白菜的價格嗎？

最後告訴大家：微軟與Nike+智慧手環所帶給我們最關鍵的商業啟示是，價格從來就不是事，將產品做到極致才是最重要的。

耐吉真的退出可穿戴領域了嗎

時隔兩年，耐吉終於推出了其Android 版智慧腕帶（FuelBand）應用，彌補了該腕帶健身追蹤設備不斷擴大的空白，同時打破了之前對其退出可穿戴設備領域的一

些說法。然而，蘋果和谷歌將分別推出其各自的可穿戴設備，而耐吉此時宣布其FuelBand 智慧腕帶支援Android系統，會不會一切都太晚了呢？

根據耐吉宣布的消息，無論是使用GalaxyS3、S4 或S5，還是使用MotoX、HTC One或Nexus 5 的Android用戶，均可從谷歌Play商店中下載英文版的這一應用，可供下載的國家有美國、加拿大、德國和日本。同時，該設備相容Android 4.3 Jelly Bean 及以上版本的Android 系統。

FuelBand相對於谷歌眼鏡而言，是一款更為大眾的可穿戴設備，能夠依靠低功耗藍芽技術與用戶的智慧手機進行通訊，來追蹤用戶步頻、燃燒的卡路里以及該公司專有的運動指標——「燃料值」（NikeFuel）。

然而在2012年耐吉發布FuelBand設備時，許多Android手機沒有低功耗藍芽。因此這一FuelBand智慧腕帶一直以來僅限於支援iOS系統，這使得其市場占有率一直受到限制，並引起了一些Android用戶的不滿。

耐吉也稱，Android對低功耗藍芽缺乏普遍支援。而耐吉公司與蘋果公司的長期合作關係是決定其設備僅支援iOS的原因，這種合作關係可以追溯到2006年的Nike+iPod。如今，正值耐吉在可穿戴設備領域難熬之際，卻突

然做出了推出Android版本的FuelBand應用的舉措，這又是為何？

筆者認為，這不僅是因為耐吉面臨著來自蘋果iWatch傳聞的壓力，同時還將面臨更為直接的威脅：谷歌。這家搜尋巨頭推出的可穿戴式作業系統AndroidWear，可載入於一系列智慧手錶設備中，其中包括摩托羅拉的Moto360智慧手錶和LG的G Watch，以及來自聯想、三星、Fossil的一系列競爭產品，未來還將進軍整個新興健身追蹤設備市場。因此，耐吉在這個關鍵點上推出Android版本的FuelBand應用，雖然不能説晚，但至少比不推要明智得多。

當然更重要的是，耐吉自身也對其可穿戴設備部門進行了重組。就是之前我們所瞭解的資訊，耐吉公司解雇了數碼運動部門工程師團隊的大部分人，他們主要負責可穿戴設備的硬體開發，這距離耐吉發布其第二代FuelBand SE僅僅六個月。而這次重組的目標意圖很明顯，就是耐吉將從並不擅長的硬體開發轉向重新聚焦其所擅長的運動領域，並基於Nike+打造其運動生態系統。

可以預見，未來耐吉將基於其運動品牌這一鮮明的優勢，搭建可穿戴的垂直應用平臺，正如谷歌在醫療領域的垂直探索一樣。谷歌的探索，耐吉的聚焦，都讓我們看到了可穿戴設備的未來正在朝著細分、垂直的生態圈方向發展。

Chapter **5**

談應用──可穿戴醫療，
殺手級應用或出其間

可穿戴設備使用者黏性差，原因肯定是多方面的。有一些觀點認為可能是因為價格太高、設計太渣、功能太怪咖等。這些並不是最根本的問題，關鍵是當前的諸多功能都非用戶的剛需，換句話說就是沒有找著用戶的痛點。其實就價格與價值之間的問題來說，用戶通常關心的並不是價格，而是付了這個錢之後能否獲得相應的價值。

5-1 可穿戴醫療的機會

慢性病患者，可穿戴設備的藍海空間

　　可穿戴設備這幾年的發展，和其他的一些新興技術與產業一樣，經歷著不斷的試錯、探索階段。即便如此，目前整個產業所呈現的實際情況仍然是，在很大部分領域裡，概念的炒作大於實際的市場。

　　德國消費調研公司（GFK）在2014年10月份發布的一份有關可穿戴市場調研報告顯示：有1/3的可穿戴設備使用者在買到產品後6個月內就將其「丟棄」了。美國《連線》雜誌也撰文指出：超過半數的美國健身跟蹤設備客戶已經不再使用可穿戴健身設備，1/3的客戶使用不到6個月就把這些設備扔進抽屜，或者送給朋友。

　　可穿戴設備使用者黏性差，原因肯定是多方面的。當然，也有一些觀點認為可能是因為價格太高、設計太渣、功能太怪咖等。但筆者認為這些並不是最根本的問題，關鍵是當前的諸多功能都非用戶的剛需，換句話說就是沒有找著用戶的痛點。其實就價格與價值之間的問題來說，用戶通常關心的並不是價格，而是付了這個錢之後能否獲得相應的價值，一旦兩者之間出現錯位，那麼必然導致用戶將不再埋單。

　　儘管如此，目前可穿戴設備的產業鏈還是處於不斷完善階段，尤其是在一些細分領域已經有了相對較為清晰的發展路徑。這也是在過去這些年的探索裡，不斷「死去」的產業試錯者，用真金白銀告訴我們的經驗：可穿戴設備不能再像剛開始那樣，把自己打造成一款「萬金油」般的產品。筆者不否

認在未來基於可穿戴設備硬體本身之外會獲得更多的應用拓展，但就當前而言，「萬金油」產品的產業鏈基礎與技術都還不具備。而只有針對市場進行垂直細分，針對不同的應用領域或人群開發針對性的功能，才有可能闖出一片新天地。

可穿戴設備的市場機會點

就目前的市場前景來看，筆者認為醫療可穿戴的市場潛力更為可觀。而在這個領域中，最大的市場空間則是尚未被真正重視到的慢性病患者群體所帶來的剛需市場。之所以這麼認為，主要基於以下幾方面的原因。

（1）慢性病患者群體龐大

2015年1月19日，世界衛生組織的一份最新報告表明：癌症、心肺疾病、卒中、糖尿病等慢性非傳染性疾病依然是全球最主要死因，而其中很多過早發生死亡其實是可以避免的。

WHO資料顯示：2012年，全球因慢性非傳染性疾病導致的死亡多達3800萬，其中中國達860萬。中國每年因慢性病死亡的男性中約4成（39%）和女性中約3成(31.9%) 屬過早死亡，過早死亡人口達300萬之多。

中國的糖尿病患者在10年間平均發病率增長了近7倍，其中城市人口的發病率增長了近3倍，而農村人口增長了10倍之多。顯然，未來的農村會成為慢性病重災區，這和10年間農村人口的飲食和生活習慣、環境改變有巨大的關係。

10年間，中國高血壓平均發病率增長了6倍左右，其中城市人口發病率增長了3倍之多，而農村人口的發病率增長了8倍左右。

目前，中國的慢性病患者已經達到了2.6億人。1998年，慢性病患者占人口的12.8%；2008年達到了15.7%，而且呈不斷上升的趨勢。同時，中國慢性病呈現出「年輕化」的趨勢。調查顯示，有65%以上的勞動人口患慢性

病，這個群體年齡層為男性16～60歲，女性16～55歲。69%的高血壓和65%的糖尿病都發生在上述年齡層。而因慢性病死亡的人數，已經達到中國總死亡人數的85%。

在整體醫藥支出上，慢性病占了70%。而根據世界銀行估算，2010～2040年，中國如果通過將心腦血管疾病的死亡率降低1%，即可產生10.7萬億美元的經濟獲益。這些資料充分表明慢性疾病管理將成為智慧可穿戴設備一個龐大的潛力市場。雖然這個領域涉入門檻相對較高，但卻是人類健康的剛需。因為戴上醫療可穿戴設備，人們可以提前監測到一些慢性疾病。而且，這種通過科技的進步為病患切實解決預防治療問題，才是人體可穿戴設備的真正價值。

（2）現成的消費認知和習慣助推醫療可穿戴

對於普通的可穿戴設備而言，其大部分功能都需要使用者形成新的使用習慣，這顯然不容易。尤其從市場行銷層面來看，當企業產品進入一項全新技術的市場，其對用戶的培養、教育成本是非常高的。比如在健康管理應用領域，一款運動手環為了不被用戶過快地丟棄，需要不斷地想辦法滿足用戶的需求，就像通過社交平臺設定一些互動激勵方式，讓使用者能從中感覺到樂趣；還需要不斷地對設備進行改進升級。用戶從完全陌生到熟悉瞭解，再到穩定的狀態，這當中需要經歷一個漫長的過程，而這對於一些實力雄厚的企業來說或許還可以承受，但是對於一些創業型公司而言，面臨的壓力就很大了。

但是，在慢性疾病領域，智慧穿戴設備所面臨的境況就不一樣了。因為在「可穿戴設備」這個名詞還沒出現的時候，那些在生活中被叫作電子血壓計、血糖儀之類的設備就已經在我們的日常生活中普遍地存在著。而現在就是把它們升級一下，換了個更高級的名字，叫智慧可穿戴血壓儀或者血糖儀；或者換個外觀與技術表現方式，比如以電子紋身的方式和身體無縫融

合，再借助於智慧手機的這塊螢幕呈現資料回饋等。

　　無論以後的電子血壓儀一族的設備們變成什麼樣子，使用者接受起來的
速度，相較於其他的可穿戴設備都要更容易更迅速些。因為用戶在前期已經
培養起了對這類設備的穩定使用習慣，後期只要稍微對一些新功能進行簡單
的培訓就能上手。而這對於企業來說，最大的價值就在於簡化了前期的用戶
培養，縮短了產品的市場導入，節約了巨額的營運成本。

（3）慢性病患者對醫療可穿戴黏性高

　　慢性病患者這個群體有一個比較突出的特點，就是他們的需求出發點是
監測準確的技術性，而非娛樂時尚性。不會像當前一些健康娛樂類可穿戴設
備的用戶一樣，由於玩膩了，失去新鮮感了，或者不夠好看不夠有趣就把這
款設備遺棄了。相反，只要這款設備達到了他們所要的那個單一的結果就可
以了。

　　比如高血壓患者每天都需要定期測量血壓，按時服藥，那麼這款設備能
測出精準有效的血壓資料就行了。對於可穿戴設備研發人員而言，也只要把
設備打造得使用起來更加方便、精準，比如能24小時黏附在用戶身體上的某
一個部位，自動定期進行血壓測量，並且還能將資料分析回饋到使用者的手
機上，最後還附帶生活飲食建議以保持血壓穩定等。此外，還可以跟醫院打
通，儘量減少慢性病患者去醫院的次數，使無論身在何處的患者都能夠和醫
生有穩定的溝通。如果前期的健康管理工作做好了，一切體徵都穩定，自然
就能減少患者去醫院的次數。

　　英國華威大學的一位研究員JamesAmor博士認為，老年人如果能佩戴可
測量心率、溫度、運動和其他生理特徵的智慧手錶或智慧服裝，整個活動監
測就可以讓家屬和看護瞭解老年人的健康和日常行為。同時，利用可穿戴設
備，基層醫療衛生機構可以建構各大社區的居民電子健康檔案，及時瞭解社
區慢性病流行狀況和問題。在這個基礎上，除了能幫助慢性病患者管理疾病

之外，還能搜集相關的資料樣本用於醫療研究。

因此，這類人群未來會成為可穿戴醫療領域內最穩定的用戶群體；而反過來，他們也是真正需要可穿戴醫療類設備的人群。而且伴隨著老齡化、慢性病等給社會醫療帶來的壓力，醫療可穿戴能否從新的角度切入為用戶帶來更多切實的價值，也關係著國家的經濟和發展。

新醫改催生醫療可穿戴新發展

中國新醫改的推進，所釋放出的市場空間和機會將成為醫療可穿戴發展的一個大「餡餅」。

之前，中國所謂的公立醫院，其發展的資金來自政府財政撥款的還不到10%，剩下的都只能依靠醫院自身的服務收費和藥品銷售提成，也就是通常所說的以藥養醫模式。這也就導致公立醫院為了自身發展，開不必要的大處方、大檢查，逐利行為愈演愈烈；致使老百姓被動陷入「看病貴、看病難」的境況。公立醫療不公立，甚至完全背離了政府辦公立醫院的宗旨。

那麼現在通過醫改，制約公立醫院發揮正常社會責任，讓醫院、醫生回歸「醫」者本位。而當前對醫藥分離的調子已經基本明確，但要想徹底解決醫療問題，那麼接下來診斷與檢查分離也將是必然要走的路。也就是說，將當前醫院各種基於設備檢查的功能交由社會承擔。這就意味著醫療監管部門只要負責相關的標準制定與認證即可，任何個人或單位都可以開發相關的醫療檢測設備，或者開辦相關的醫療檢測機構。對於醫院的醫生來說，患者只要提供相應資質機構所出具的檢測結果，即可作為診斷的參考依據。

這對於醫療可穿戴設備產業而言，必然會釋放出一個巨大的市場。就以心率檢測這一單項檢測技術為例，設備生產企業所研發的可穿戴式心率檢測設備只要符合相關的醫療認證，使用者就可以根據自身的健康需要自行進入市場購買，自行佩戴，並生成相關報告提供給診治醫生。當然，醫療可穿戴

設備不僅限於這一領域，血壓、血液、新陳代謝等一系列的醫療檢測市場都將被釋放出來。這對於可穿戴設備的相關從業者們來說，是一件值得期待的事情。

醫療可穿戴將大幅降低醫療成本

我們都知道，慢性病的治療往往需要頻繁的複查、長期的治療和藥物的支持，才能控制病情。而這就需要患者保持持續穩定的就醫習慣，包括時間和金錢上的巨額成本。

以糖尿病為例，我們做如下說明。

2012年11月14日聯合國糖尿病日，中華醫學會糖尿病學分會（CDS）、國際糖尿病聯合會（IDF）聯合發布了一項中國糖尿病社會經濟影響研究的結果顯示：

① 中國糖尿病導致的直接醫療開支占全國醫療總開支的13%，達到1734億元人民幣（250億美元）。糖尿病患者醫療服務的使用是非糖尿病者的3～4倍（包括住院和門診次數都大大增加）。

② 糖尿病患者的醫療支出是同年齡同性別無糖尿病者的9倍。病程10年以上的患者醫療開支較病程1～2年的患者高460%。病程超過10年的人家庭收入的22%用於糖尿病治療。

《2014中國衛生和計劃生育統計年鑑》的資料顯示：中國糖尿病患者已經達到9800萬，顯然已經成為一個重大的公共衛生問題。既然這個問題已經出現，那麼我們需要做的就是想對策來應對。如此一來，「互聯網+」醫療就來了，而可穿戴設備作為現代科技的產物，同時又是新概念醫療領域內的核心載體，不得不被一次次地提起。

在2015年的博鰲亞洲論壇「智慧醫療與可穿戴設備」分會場上，ARM首席執行官Simon Segars更是提到了可穿戴設備在未來醫療領域內產生的一

大價值,即降低醫療成本。比如那些身處偏遠山區的慢性病患者,基於遠端醫療技術,借助於醫療級別的可穿戴設備,能夠及時獲得醫療資訊與醫療支援,從而省去一趟趟大老遠跑到醫院檢查的成本。同時,患者還可以通過醫療可穿戴設備,經常與主治醫生保持穩定的聯繫,溝通交流病情,更好地遵照醫生的囑咐服用藥物、生活等,這不僅能更有效地控制病情惡化,還可以降低就醫頻次,減少醫療費用。

醫療可穿戴前路的方向

面對市場的需求和呼籲,尤其是新醫改送來的「餡餅」,醫療可穿戴設備又該如何去接呢?這就需要醫療可穿戴設備的研發和製造人員,能有的放矢、練好內功。

大部分慢性疾病都有以下這些特點:疾病存在一定的規律性,可以通過規律性的藥物來控制,而一旦離開藥物,病情很容易會惡化,比如血壓升高、血糖紊亂、心律不整等。

從當下可穿戴設備所宣傳的功能,我們能看到很多產品的功能強大到什麼數據都能測。問題就出來了,這必然分散了本來就已經很單薄的研發精

力，從而導致產品所監測的資料不準確並且嚴重碎片化。這樣的產品對使用
者來說，其實就沒有太大的意義了。

　　相反，如果一種可穿戴設備只專注於一個功能進行研發，比如只針對患
慢性疾病人群的血壓、血糖、心率等生命體徵的測量。這樣一方面可以最大
限度地降低由於產業鏈技術不完善所帶來產品的技術、性能、體驗的制約；
另一方面集中專注的功能技術開發，能最大程度地保障產品技術的可靠性。
換言之，功能做得越少，就越容易做到極致，一步到位打造成醫療級別的，
市場也就越容易被打開。

　　舉個例子，專注於打造一款血壓儀，如果將用戶群體定位為老年人，
那麼就要圍繞著老人的生活習慣、認知能力等進行設計、開發，使設備的操
作儘量簡單。如果定位為中年成功人士，則需要類似Apple Watch的理念，
需要時尚的外觀。此外，對於老人使用者群體而言，除了在資料測量精準的
基礎上，還能給使用者提供一些附加價值，比如能夠以語音的方式告訴使用
者血壓資料，如果數據顯示血壓偏高，那麼能及時提醒使用者需要注意的事
項，並將這一情況同步給用戶的監護人。

　　傳統的電子血壓儀已經存在於市場很久，相關的技術也相當成熟，而在
可穿戴設備時代，要考慮的就是如何在這個基礎上使這款設備更加智慧，使
用性能更優、更人性化、更直觀。雖然全範圍的物物相聯當前還難以實現，
但設定的點對點的連接技術已經很成熟，而這對於一款智慧血壓儀來說已足
夠了。比如，設備能在患者病情特別不穩定的時候自動聯繫其主治醫生，或
者在發生意外情況時主動呼叫附近的看護人員等。

智慧坐墊——可穿戴醫療的
一個巨大市場

　　現代人經常坐著，尤其辦公室白領，一坐便是好幾個小時，因此頸椎腰椎病的發病率比以往高出好幾倍。根據一項調查，目前辦公室一族，脊椎有問題的高達七成。而男性，由於久坐引發的前列腺問題也日趨嚴重。

　　另外，中國一項針對患頸椎病高發職業進行的調查，結果令人吃驚。在頸椎病高發職業中，IT從業人員占44.9%位居榜首，IT從業人員包括從事新聞、IT科技、電子商務、文案工作以及美術平面設計等職業的人員。

　　位居第二的是生產線作業人員，以16%的比例僅次於IT從業人員。

　　另外，駕駛員占了15.4%，教師、公務員、白領等其他人員占23.8%。而不論是胸椎、腰椎還是頸椎的病，完全都是坐出來的。雖然每個人都知道久坐不好，但是由於工作原因，每天依然有很長時間在座椅上度過。而且由於進入工作狀態而經常忘記時間的事情常常發生，因此如何預防由坐所帶來的脊椎發病率是當前一個不容忽視的課題。

　　目前國外一個團隊正在進入這一市場，通過開發一種智慧穿戴的坐墊產品以減小久坐和不正確的坐姿對健康的影響。通過在智慧坐墊內置感測器，坐墊在獲得壓感資訊之後監測使用者坐的持續時間，同時通過特定演算法來

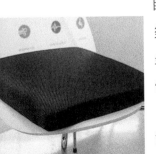

瞭解使用者的坐姿習慣。當用戶坐姿不正確時，智慧坐墊便能夠通過手機中配套的應用程式來提醒使用者矯正坐姿。此外，坐墊內部還有計時器，在坐立一定時間之後便會提醒用戶是時候活動放鬆一下了，並告訴用戶該如何活動筋骨。

　　過去由「背背佳」所引發的爆紅市場還記憶猶新，當時針對的只是學生，通過強制糾正坐姿來調整脊椎的發育成型。我

們暫時不討論「背背佳」這個產品的
科學性，但就其針對於這一細分市場
所取得的成功而言，足以證明人們對
脊椎健康的關注。

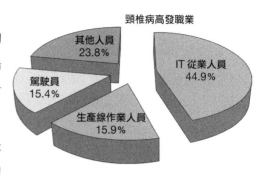

頸椎病高發職業

其他人員 23.8%

駕駛員 15.4%

生產線作業人員 15.9%

IT 從業人員 44.9%

而智慧坐墊這一可穿戴產品解決
的不僅是學生的市場，更是成年人的
市場，當然也包括老人市場。通過在坐墊內植入壓力感測器、計時器、溫度
感測器等，至少可以解決用戶一些實際的痛點問題。比如，通過計時器可以
監測用戶坐的時間，以提醒用戶應該站起來活動或者是喝水；通過溫度感測
器可以監測由坐所產生的溫度，因為影響男性前列腺不僅是坐，與坐所產生
的溫度也有關，因此通過對溫度的監測來提醒男性及時散熱；通過壓力感測
器，結合演算法可以監測用戶的坐姿，並且即時提醒用戶糾正坐姿，以保護
脊椎。

因此，智慧坐墊在目前階段，相較於智慧手錶更具應用價值，技術也相
對成熟。而針對於這一細分領域，筆者認為至少有以下幾類產品可以開發。
① 針對學生的，主要是通過壓力感測器，以糾正其坐姿，改善其學習姿勢，
促進其脊椎健康發育。
② 針對白領的，主要是通過壓力感測器、計時器、溫度感測器等，提醒其糾
正坐姿與放鬆時間，以幫助其預防脊椎病的形成。
③ 針對駕駛員的，主要是根據駕駛座位的特性進行設計，並加入感測器、計
時器、溫度感測器等，一方面幫助提醒、糾正正確的駕駛姿勢，另一方面
提醒其駕駛時間，預防事故的發生。

學生、白領，老人、年輕人，男人、女人，這些都是有效的目標人群，
因此基於智慧坐墊的可穿戴設備是一個巨大的市場。它不是科技發燒友的寵
物，而是現代人健康生活的夥伴。

老年市場成可穿戴設備新藍海

就全球的老齡化而言，截至目前，中國60歲以上老年人數量已超過2億，占總人口的14.9%。這一比例明顯高於10%的聯合國傳統老齡社會標準。

根據中國全國老齡委預計，未來20年中國將進入老齡化高峰。BCG和Swiss Re聯合發布的報告預測，到2050年，60歲及以上人口將增至近4.4億人，占中國人口總數的34%，深度老齡化階段很快就會來臨。

另外，65歲以上老齡人患冠心病、高血壓、糖尿病、哮喘、關節炎等慢性疾病的比率是15～45歲人口的3～7倍。可見，中國不斷加劇的老齡化趨勢已然成為醫療保健增長的基礎。

全國老齡辦的調查結果顯示，目前中國城市老年人空巢家庭(包括獨居) 的比例已達到49.7%，大中城市老年人空巢家庭(包括獨居) 的比例更高達56.1%。

由於年輕一代異地工作的普遍化，使得獨居老人增多，而老人的健康監護就成為了一個普遍的社會問題。由此所產生的關於老人的遠端即時健康監護就成了可穿戴智慧醫療設備需求量增加的一個重要因素。

比如，可穿戴設備在養老方面可以幫助許多患有阿茲海默症(俗稱老年癡呆症) 的患者找到回家的路。目前全球3000多萬老人患有老年癡呆症，僅僅中國就占據了四分之一。老年癡呆症患者中的部分往往會喪失行為的自理能力，最突出的問題就是出門不認路，離家稍遠就會走丟。

因此，這一老人市場的可穿戴設備除了會記錄老人的心率、血壓、呼吸等健康資料外，還會記錄老人的即時位置及其身體的健康狀況，並通過移動互聯網與子女之間形成遠端互動，讓子女可以隨時掌握父母的身體健康狀況及所在地點。

就可穿戴設備目前的市場情況來看，現在市面已經出現了內置GPS定位系統及防止老人摔倒的智慧鞋，還有能夠提醒老人按時服藥的智慧手錶。

老人走丟或者患有高血壓病的老人摔倒，都會給整個家庭的生活帶來許多連鎖的負面影響。而若能通過比較簡單的方式防止這些事情的發生，將會給許多人的家庭生活帶來不小的改善。

2011年，美國個人定位伺服器材廠商GTX經過兩年的研發，推出全球第一款內建全球衛星定位(GPS) 裝置的鞋子，有助於尋找罹患阿茲海默症的走失老人。阿茲海默症患者親屬或看護可下載應用程式設定「監控區」，患者如果離開特定區域，即可收到警告。這款GPS鞋還獲得了美國聯邦傳播委員會(FCC)的認證。

對於即將進入可穿戴行業的創業者，或者已經從事可穿戴設備的公司而言，筆者建議可以從老年遠端健康監護這一細分市場切入，從可穿戴設備的硬體、系統平臺、大數據架構、遠端互動、健康監護建議等角度，圍繞老人的生理及心理特性進行針對性的設計、研發，這不僅是可穿戴的一個藍海市場，更是一個可持續的巨大市場。

（全球第一款內置GPS的智慧鞋）

5-2 可穿戴醫療的具體應用

Mango Health：踐行可穿戴醫療的遊戲化魅力

在醫學界，人們將病人按醫生規定進行治療稱為「依從性」，反之則稱為「非依從性」。相關調查資料顯示，只有一半病人會按照醫生開寫處方所指示的服藥方法用藥，而服藥「非依從性」的最常見理由是「遺忘」。服藥「非依從性」所造成的後果是嚴重的，據美國監察總局辦公室的估計，每年有125000例心血管病人由於用藥「非依從性」導致死亡。

即便如此，還是有許多人會出現忘記吃藥，未按時、按劑量服藥，隨意停藥等情況。那麼，如何有效地提升患者的「依從性」，特別是用藥「依從性」，也就成為大家共同關注的問題。目前，一款名為Mango Health的應用，或許為大家找到了一條可行的出路。

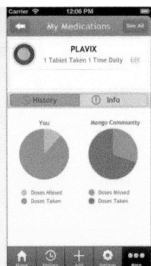

Mango Health：提高用藥「依從性」

Mango Health，一款能讓患者主動按時服藥的

應用。Mango Health具有一個較完整的藥物資料庫，使用者只需要把正在服用的藥物資訊，比如藥名、用藥醫囑等輸入應用內，Mango Health就會通過消息推送的方式提醒使用者吃藥並告知與藥物有關的資訊。此外，它還會提醒用戶未服藥的危險。當然，Mango Health最大的特點還不在於此。Mango Health的創始人之一——Jason Oberfest（CEO），有過豐富的遊戲研發經驗。按照當前的時髦說法，他是跨界進入了醫療領域。因此，他很自然地就將遊戲當中簡單、有趣、競爭性等因素融入了這款應用當中，通過其遊戲化及貨真價實的獎勵機制讓用戶把吃藥這件事從被動變為主動，並且還充滿樂趣。

　　Mango Health會根據使用者是否按時吃藥而給用戶一定的積分獎勵，當積分累加到一定的級別時，還能獲得相應的物質獎勵，比如到Level 3時會有5美元的Target超市獎勵、Level 5則有25美元獎勵。其中還有比較有趣的地方，當用戶在該吃藥的時間裡沒有主動告訴Mango「我吃了」，那Mango就會直接在使用者的歷史記錄上畫個斜槓表示「沒吃藥」，且沒有任何補救的方法。Mango Health通過這種方式，讓使用者在吃藥這件事情上能夠從被動變為主動，並且儘量不錯過任何一個服藥時間點以賺取解鎖贏獎勵的機會。

醫療健康管理遊戲化釋放的四大魅力

　　美國最大的風險基金KPCB的合夥人Bing Gordon說：每個創業公司的CEO都應該瞭解遊戲化（Gamification），因為遊戲已為常態，愛玩、好勝則是每個人的天性。相對於無趣、枯燥，甚至痛苦的醫療保健來說，如果能嘗試著融入遊戲

的成分，激發軟硬體用戶或者患者主動接受治療的意願，養成健康的生活習

慣，則能更大程度地發揮可穿戴醫療的效果。

更直接地說，就是我們如何能把遊戲的行為心理學與醫療保健結合起來，促使患者能自覺、主動並充滿熱情地參與到整個健康管理中來，以幫助他們改善自己的健康狀況。這將讓醫療健康管理遊戲化釋放出更大的魅力。

第一，遊戲可以激發玩家內心深處對玩樂和競爭的渴望。如果將這種渴望接入可穿戴醫療的某些APP中，就能形成一個有黏性的社區。比如，智慧手環每天會監測你的步數或者跑步時消耗的卡路里等，而通過接入一些社交平臺，讓這些資料半公開化，形成一種圈內的較量。那麼，當你進入相應的社交平臺，發現自己的步數和排前面的這位哥兒們只差十步時，估計你會馬上站起來在屋子裡走一圈以反超他。

未來，當人機對話模式更加智慧的時候，設備在讀懂你意識的基礎上，會時不時跳出來大聲告訴你，你最不想被超越的那個誰又跑到你的前面去了，這時的你就可以部署一下反超戰略了。而在這樣一種你追我趕的互動中，自然就達到了每天堅持跑步鍛鍊的目的。

就如遊戲開發公司Ayogo的CEO邁克爾·弗格森所言：健康領域的遊戲並非真的關乎輸贏，真正關乎的是用戶本身是否真的主動並且滿懷熱情地參與其中。

第二，將遊戲融入慢性病管理的APP或平臺中，幫助患者在日常生活中管理自己的疾病，根據病情調整自己的生活習慣。比如Ayogo公司將遊戲融入了一款專為糖尿病患者以及易患糖尿病的兒童而設計的軟體HealthSeeker中。用戶可以首先選擇他們期望完成的生活目標，然後通過不斷完成任務獲得積分的方式最終摘取不同的徽章。

任何習慣的建立都需要一個過程，特別是針對健康管理的生活習慣的養成，往往需要外在的驅動力，去推動生活的主體（用戶、患者）持續重複地做某一件事情；而過於粗暴或者不痛不癢的機械式提醒、懲罰都不一定能達

到最好的效果。這個時候，遊戲化的方式能起到的作用是：用戶在體驗樂趣的過程中，不知不覺地養成了某種好的習慣。所以，它不但是一種催化劑，而且還是一種潤滑劑。

第三，對患者而言，遊戲能更好地達到醫療效果。清華大學醫學物理與工程研究所研究員唐勁天表示，遊戲與心理的關係十分密切，安慰劑比藥物治療效果高很多，而醫學遊戲經過設計之後，其治療效果比安慰劑還要好。可能幾年後，你因為某種疾病去醫院，醫生給你開的處方將是：回家玩兩周由FDA批准的電腦遊戲。

《黃帝內經》道：「心者，五臟六腑之主也……故悲哀憂愁則心動，心動則五臟皆搖。」其影響可以說是非常的大。在第二次世界大戰期間，德軍包圍列寧格勒讓當地人憂慮、焦急、恐慌，結果在短短的十幾天內大批高血壓患者出現。這些患者並非傳統的致病因素（高血脂、食鹽過多等）引起，而是戰爭恐怖下的精神高度緊張所致。可見，消極不良的心理狀態會引起生理功能障礙和失調，而這時候傳向大腦皮層的資訊也是消極不良的，它會加劇消極不良的心理狀態，形成惡性循環，導致疾病發生。

這就告訴了我們一個現象：心理上的情緒會在一定程度上影響到生理，甚至直接導致疾病的出現。遊戲最大的魅力則在於能給體驗者帶來快樂，放鬆精神狀態；遊戲化的健康管理雖說治不了本，但卻能起到調節用戶情緒、輔助醫療等作用。

這從歷史上所記載的那些未經治療而自然消退的惡性腫瘤病例中，也可見一斑。相關報告顯示，那些腫瘤自然消退的患者除了機體免疫功能較強，具有對抗和消除惡性腫瘤的能力外，最重要的還是具有良好的心理素質和積極的精神狀態。

第四，對於醫學研究而言，遊戲化的醫療健康管理所回饋的資訊將更加高效集中，這能有效地促進樣品採集和研究工作。一般一款遊戲在社交網路

平臺上會形成一個小的社區，比如醫療專家需要對糖尿病患者的疾病管理進行研究和跟蹤時，便可以進入某款專門針對糖尿病患者健康管理開發的遊戲軟體所形成的社區中採集資訊。這些資訊比傳統的通過問卷調查所採集的資訊將更客觀全面，因為裡面還包含了患者之間平常生活的交流，疾病管理經驗的分享等，這對於研究者來說都是最基礎的原始資料。

目標患者的集群化，一方面對於醫療研究人員、機構甚至藥品研究機構都可以做針對性的研究；另一方面對於患者自身而言也可以進行相互之間的資訊交流，獲得一些經驗；第三方面則有可能為同類性質的患者提供更集中專業的線上問診服務。

醫療健康管理遊戲化存在的挑戰

雖然讓醫療健康管理遊戲化能夠釋放很多用戶的內在驅動力，以幫助他們持續地對自身的健康進行關注並做出相應的調整；但這其中遇到的一個所有遊戲類應用或者平臺都會遇到的挑戰就是「用戶黏性」問題，即如何持續吸引用戶，培養一批忠誠度高的粉絲。

（1）必須推陳出新

一款永遠不懂得升級的遊戲，肯定不是一款好遊戲。在當下這個注意力分散、三分鐘一代溝的時代裡，沒有快速的更新反覆運算意識就相當於自

殺。醫療健康管理類遊戲也是一樣，雖然其真正的目的是達到有效干預使用者的日常生活。這類遊戲的更新除了提升遊戲的趣味性之外，還應該完善遊戲內部更具實用性的各類資料庫，比如藥物資料庫、社交體驗、健康管理方式等，讓使用者能在遊戲之

外真正獲得科學、與時俱進、有效的健康管理的知識、方式。

（2）融入社交元素

在遊戲中融入社交體驗已經變成當下的一種趨勢，用戶都傾向於與他人一起玩遊戲，喜歡在遊戲中和其他人競爭，也喜歡與他人分享自己的經歷，所以社交維度將是遊戲化過程中一個非常重要且極具價值的部分。

例如上文提到的Ayogo公司，專為糖尿病患者以及易患糖尿病的兒童而設計的軟體HealthSeeke，由於是放在Facebook這樣一個大型社交平臺上的，因此不但有很大的用戶群體，還快速形成了既有競爭又能互動回饋的良性社交圈。

社交性遊戲還能讓用戶在競爭的過程中不斷增加自我成就感。另外，由於在遊戲的過程中能釋放出更多的多巴胺（一種能促使大腦興奮、愉悦的化學物質），讓參與者產生良好的感覺效果，這將促使他們繼續參與，繼而釋放更多的多巴胺，從而形成一個良性的回饋環路。

（3）強而有力的激勵方式

強而有力的激勵方式，指的是遊戲中設定的積分以及獎勵是可以直接轉換為物質或貨幣的。比如上文提到的Mango Health，使用者達到一定的等級可以直接獲得相應數額的美元。這一方面，醫療管理類的遊戲本身跟普通的遊戲存在區別，普通遊戲基於遊戲的目的，其設立的獎品往往是用於遊戲本身的道具之類的東西；而醫療健康管理類遊戲的終極目的則是讓使用者覺得這是一種值得擁有的健康管理方式，然後願意主動參與其中，進而產生黏性，形成更具規模的流量和資料，並且為研發者下一步的商業化做準備。

美國明尼蘇達州一家名為聯合健康的公司研發了一款「Baby Blocks」的遊戲，其目的在於鼓勵孕婦參加所有的產前檢查，從而吸引了七個州近五萬名孕婦參與其中。這些孕婦可以通過參加產前檢查來解鎖關卡。在參加了一些關鍵的產前檢查之後，她們還能收到包括產婦裝和嬰兒服飾的禮品卡在內

的各種禮物。該公司表示，2012年有2296名客戶積極地使用了這一軟體，參加的產前檢查共計7098人次，平均每人解鎖了3.1個關卡。

另外，激勵方式還可以與醫療機構、保險公司合作，比如對有堅持運動、健康生活、病情有所好轉的人保費降低，而對生活習慣不健康的人保費提高；也可以為一些達到一定遊戲等級的使用者提供免費的線上醫療，甚至線下諮詢服務。恰到好處的關卡設置以及激勵方式，會成為醫療管理類應用或者平臺吸引使用者的關鍵，特別是激勵方式，設立的獎勵如果還是些虛無縹緲、可有可無的東西，往往很難讓用戶持續產生完成任務闖關卡的動力。

（4）注重隱私保護

在移動互聯網時代，資料安全與隱私保護問題會逐漸凸顯。醫療健康管理遊戲化同樣存在這樣一個挑戰。參與其中的軟硬體研發方、保險公司、醫院以及各方醫療服務提供者，都可能掌握著用戶非常私密的個人資訊。比如某一慢性病患者，他可能願意參與這樣的遊戲化管理方案，但並不想公開自己病情的詳細資訊，特別是B肝或者愛滋病患者，資訊的公開可能直接會給患者的生活帶來干擾。而遊戲化往往因其中包含的互動社交性，又很難保障用戶的隱私絕對安全。

因此在這一點上，除了可能存在的資料洩露安全之外，還有就是參與其中的各方如何打造完全以使用者為中心的資料共用方式。比如一個專門針對糖尿病患者的遊戲化健康管理應用，每天都會按時測量你的血糖，並且能夠分析出造成你血糖偏高的原因是什麼，然後相應地列出一個比較健康的飲食清單以及作息鍛煉時間表，那麼當使用者以任務方式完成這些時便會得到相應的積分；同時，與這個應用打通的社交平臺可以在用戶完成一個任務後彈出一個請求：是否分享到糖友圈，而使用者則可以根據隱私程度自由選擇。

總而言之，是否能有效靈活地保護個人隱私，會在未來成為評估一款軟硬件設備使用者體驗效果的核心標準之一。

可穿戴病歷，谷歌眼鏡的垂直應用

谷歌眼鏡作為可穿戴設備浪潮的引領者，自推出以來一直備受爭議，但至今未向所有消費者完全開放銷售。即使宣布每個美國公民都可以購買谷歌眼鏡，但可供購買的是「探索者版本」，也就是說仍然是測試階段的產品。

儘管谷歌眼鏡沒有受到市場熱捧，但谷歌在可穿戴設備領域的熱度一直未減。

路透社曾報導，美國一家初創企業Drchrono為谷歌眼鏡打造了一款健康記錄應用，即為谷歌眼鏡下載並註冊了Drchrono應用的醫生可以在徵得病人同意的情況下，使用這款應用記錄會診結果或手術情況。

所拍攝的這些資料都將儲存在Drchrono專門為每個病人建立的電子病歷中，或者上傳至Box的雲服務中。病人可以隨時隨地查閱這些資訊，醫生更是可以在需要的時候調取電子病歷以瞭解病人過去的情況。也因此，稱這款應用為「可穿戴病歷」。

Box發言人及Google Health前雇員MissyKrasner稱，目前至少有20家風險投資支持的創新公司在從事相關業務。包括Augmedix和Pristine在內的大多數谷歌眼鏡應用，都符合聯邦隱私保護法HIPAA的規定。Drchrono聯合創始人丹尼爾·吉瓦蒂諾稱：「雖然谷歌眼鏡尚未在醫學領域正式推廣，不過考慮到醫生對這款設備的需求，谷歌依然會為應用開發者提供資源支援。」

據瞭解，電子病歷應用Drchrono的註冊醫生已經達到6萬

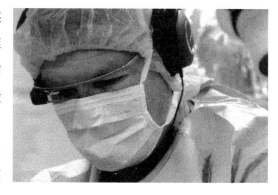

人，其中有300人正在使用谷歌眼鏡應用。

對於谷歌眼鏡進入可穿戴醫療領域的這一舉動，筆者提出了以下三個方面的思考。

（1）基於可穿戴設備的移動醫療商業體系即將形成

從當前中美醫療管理體系之間所存在的差異來看，美國基於可穿戴的移動醫療商業體系將率先形成，並在醫療診斷、治療、監護方面進行深度結合；而在中國，基於可穿戴的健康保健的移動醫療商業體系將大有可為，筆者在《智慧穿戴——物聯網時代的下一個風口》一書中也曾寫過，智慧穿戴將帶領我們進入「未」病時代。

（2）智慧穿戴行業要發展得好，就必須做垂直、細分的領域

谷歌進入醫療領域的這一舉動，也驗證了筆者經常講的智慧穿戴行業要發展得好，就必須做垂直、細分的領域。而谷歌在其眼鏡的基礎上針對醫療診斷方面進行了優化，並開放給第三方垂直應用領域的公司進行探索與合作。這將意味著可穿戴設備進入垂直、細分領域，未來將以垂直領域生態圈的方式呈現。

（3）谷歌的目的：占領移動互聯網時代的資料入口

谷歌進入可穿戴領域的目的是占領移動互聯網時代的資料入口，並建立基於移動互聯網的大資料搜尋平臺。在當前國家宣導網路安全和資訊化的趨勢下，基於可穿戴設備的移動互聯網的「百度」將會誕生。

可穿戴醫療商業模式

可穿戴設備接入醫療保險的
兩種商業模式

2014年，可穿戴設備領域的發展逐漸步入了規模化，市場也正呈現一片熱潮。無論是什麼行業，支撐其持續的發展總避不開談商業模式。可穿戴設備領域也相似，目前正處在探索各種商業模式的階段。

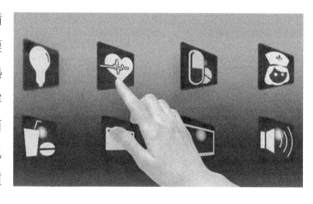

在21世紀的今天，「醫療健康」已越發受大眾的重視，每個人對這方面的意識也在逐漸增強。可穿戴設備切入這個點，在健康醫療領域建立商業模式，是一件既具有顛覆性，又非常有意義與價值的事。而且在健康醫療領域，相對比較容易探索出符合其發展規律的商業模式。

據調查，美國人每年用於醫療保健方面的支出高達2.6萬億美元，其中有相當一部分是不健康的生活習慣導致的，比如不良飲食習慣導致的肥胖和糖尿病。其實醫療保健的市場才剛開始爆發，其所能達到的市場規模也遠非我們所能想像。

筆者對美國基於可穿戴設備應用的一些商業模式的研究發現，在美國已

經有保險公司開始將可穿戴設備接入自己的行業，並且逐漸形成了獨具特色的商業模式，大致分為兩種。

一種是醫療保險公司為向其投保的使用者支付一部分可穿戴設備公司的服務費；另一種則是保險公司根據使用者的生活習慣來調整相應的保險費以激勵用戶養成良好的生活習慣。

在第一種模式中，比較典型的是專注於糖尿病管理醫療的公司WellDoc，其主打的模式是「手機+雲端的糖尿病管理平臺」，目前側重於移動醫療方面，但筆者認為這種模式與可穿戴結合之後的實際價值將會更好地發揮。

第二種模式則是建立在資料的挖掘、使用上。由於大部分可穿戴設備均內置了多種感測器，可以隨時監測記錄各種與人體健康息息相關的資料，因此保險公司可以通過這些資料瞭解投保者的生活習慣及各項身體資料是否健康，並建立一個獎懲標準，堅持運動、健康生活的人保費降低，而生活習慣不健康的人保費提高。

這種模式可謂達到了雙贏的局面。保險公司通過這種生活習慣的分析，不僅使用戶節省了保險費的開支，還促使用戶建立了良好的生活習慣。另外，相對於保險公司而言，投保的用戶生活越健康，所支出的醫療費用也就越低。

在美國，目前醫療保險費用主要由企業和員工共同承擔，而這種結合可穿戴設備的投保方式能夠在一定程度上降低企業在這方面的費用支出，還能激勵員工多運動，養成健康的生活方式，簡直是一舉多得。

顯然，可穿戴設備改變醫療行業的模式已經來到，其所產生的大資料不僅為醫療保險行業，還將為健身運動、藥品等行業帶來巨大的改變。筆者多次在會議上講到，基於可穿戴設備的健康醫療行業將率先建立商業模式，並且將改變與影響我們的生活方式，以及有效改善目前的醫療狀況。

可穿戴醫療的商業模式解讀

「可穿戴醫療」對於很多人來說或許還比較陌生，但對於「可穿戴」和「醫療」兩個詞相信大家並不陌生，特別是「醫療」一詞。未來，基於可穿戴設備的醫療商業模式將會是一個巨大的藍海市場。

目前許多可穿戴設備都內置了多種感測器，可以即時監測人體的心率、血糖、血壓、血氧等數據。此外，進一步借助於雲存儲技術將監測資料通過雲端進行存儲和分析，並和醫院的病例系統與監控中心相連，當設備佩戴者的分析資料一有異常，就能及時提供預警以及相應的診治意見。

顯然，可穿戴設備最大的市場潛力不在於硬體本身，而在於硬體背後所收集到的「大數據」。可穿戴設備作為移動互聯網時代的新入口，未來將與人體產生無縫接軌，使人體本身成為直接的資料來源，並且融入整個社會服務體系的各種層面。

特別是在醫療服務行業，可穿戴設備將全面取代手機、iPad等其他移動智慧設備，成為唯一的資料輸出以及接收中心，而如今資本市場所關注的「移動醫療」將直接被「可穿戴醫療」所替代。

隨著全球人口老齡化階段的到來，醫療資源供需缺口嚴重，以及醫患資源存在的嚴重錯配等問題，都將為可穿戴醫療開闢一片全新的藍海，而隨之衍生的商業模式也正如雨後春筍般不斷湧現。

比如利用醫療雲端的「大數據」可以為使用者提供個性化的遠端醫療、預約平臺等服務；可以為醫院提供資訊移動化解決方案、自動分診、研發、醫生再教育等服務。此外，還可以為保險公司提供投保人的健康水準資訊，以作為保險公司與投保人之間確定保險金額的參考。

以下將給大家舉例分析目前基於可穿戴醫療的商業模式設計的幾種類

型，供從業者或創業者們參考。

（1）遠端醫療：向消費者收費

ZEO是一家提供移動睡眠監測和個性化睡眠指導的公司。其產品ZEO是一個腕帶和頭貼，可以通過藍芽和手機或一個床旁設備相連，記錄晚上的睡眠週期，並給出一個品質評分。

睡眠資料存儲在一張SD卡上，可以上傳到myZeo網站上面，該網站可以讓用戶創建一個私人的睡眠日記來跟蹤每天的睡眠模式。

其主要的收費模式是，除了配套的硬體設備收入外，還有為睡眠品質較差的用戶提供個性化的睡眠指導、產品和藥品推薦等服務傭金的收入。

（2）預約平臺：向醫生收費

近日，線上醫生預約入口ZocDoc很火，據說其估值已達16億美元。ZocDoc是一家旨在幫助病人通過移動設備在網上尋找和預約醫生的線上公司。

目前，ZocDoc的服務已覆蓋全美11個大城市，可以為病人提供來自40餘家醫療機構的530萬個醫生或其他醫務人員的預約機會。據統計，每月有70萬病人在使用這項服務。

ZocDoc的收費模式是，收取醫生註冊成為其網站會員的費用，即每個醫生需要在每月支付250美元才能成為網站會員並享受相應的服務。ZocDoc會為這些會員醫生建立一個統一的資料庫，以方便病人找到適合的醫生。之後，病人會根據醫生的服務及其專業水準為其打分，評分越高的醫生就有越

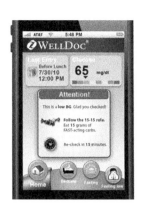

多機會在每月70萬活躍用戶中脫穎而出。

（3）醫療保險：向保險公司收費

WellDoc是一家專注於糖尿病管理醫療公司，其主打的產品模式是「手機+雲端的糖尿病管理平臺」。

患者通過手機記錄和儲存自己的血糖數據，然後可將資料上傳至雲端，在經過分析後可為患者提供個性化的回饋，及時提醒醫生和護士。該系統在臨床研究中已證明了其臨床有效性和經濟學價值，並已通過FDA醫療器械審批。

其旗艦產品BlueStar應用，可為確診患有Ⅱ型糖尿病並需要通過藥物控制病情的患者提供即時消息、行為指導和疾病教育等服務。

由於WellDoc所提供的服務可以幫助醫療保險公司減少長期開支，目前已有兩家醫療保險公司表示願意為投保的糖尿病患者支付超過100美元/月的「糖尿病管家系統」費用。

此外，WellDoc還將計畫組建全國性的銷售網路將糖尿病管理系統直接介紹給醫生，以及建立培訓人員團隊協助病人將該系統安裝到其智慧手機或手提電腦上。

（4）廣告投放：向藥企收費

全球第一家上市的移動醫療公司Epocrates公司，研發了一款能夠讓醫生及護士在智慧手機或平板電腦上即時查詢藥物交互作用、治療建議及其他資訊，目前有大約33萬名醫生使用這款軟體。

Epocrates的主打產品是藥品和臨床治療資料庫。資料顯示，2012年，Epocrates收入約1.2億美元，其中

80%來自藥企（60%來自廣告服務，20%來自市場調研服務），另外20%來自醫生的軟體服務費。

除了以上幾家國外醫療公司所創建的模式之外，目前中國國內也有兩家移動醫療公司已經探索出了各自的盈利商業模式，名稱分別是春雨天下及丁香園。

（5）春雨天下：向用戶收取諮詢費

春雨天下是一家專注於移動健康領域的創業公司，目前已經發布了第一款產品——春雨掌上醫生，並且已獲得千萬量級的風險投資。

春雨掌上醫生是一款「自查+問診」的健康諮詢類工具，主要通過建立疾病資料庫，整合醫生資源，為用戶提供移動的自診或線上問診服務。此外，融合LBS 讓用戶能夠快速找到周邊藥店、醫院等。

目前春雨掌上醫生的付費模式覆蓋了6個科室：婦產科、兒科、內科、皮膚性病科、內分泌科和營養科，其費用從人民幣6元、12元、18元到25元不等，根據使用者所能支付的諮詢費提供相應的資訊服務。

（6）丁香園：藥品資料 + 技術服務

丁香園，又稱丁香園論壇，始建於2000年7月23日，是一個醫學學術交流的平臺網站，也是目前行業規模最大並極具影響力的社會化媒體平臺，一直致力於醫藥及生命科學領域的互聯網實踐。

該網站目前會聚了超過350萬醫學、藥學和生命科學的專業工作者，每月新增會員3萬名，大部分集中在中國大中型城市、省會城市的三甲醫院，超過70%的會員擁有碩士或博士學位。

目前丁香園擁有丁香人才、丁香通、丁香客、用藥助手、丁香醫生、PubMed中文網、調查派、丁香會議等產品。

2010年，丁香園網站平臺開始為藥企提供行銷解決方案，並實現了營收規模的躍升。一支由數位醫學和藥學碩士組成的編輯團隊，通過對丁香園用戶的分析並找出對相關資訊有需求的醫生，通過站內新聞、短信的方式向他們推廣相關藥品動態。

2011年後，丁香園推出了多款針對不同人群的移動應用軟體，開始涉足互聯網化的移動醫療。比如，以藥品為中心的移動應用──丁香園用藥助手，裡面收錄了上萬種藥品説明書、上千種臨床用藥指南，主要用於幫助醫生更加準確地使用藥品，專業版售價99元。

面向大眾用戶的「家庭用藥助手」，主要專注於治療階段的「醫藥」領域，希望為每個家庭提供專業的用藥服務。此外，還有主要用於醫生與醫生以及醫生與大眾的社交移動產品──丁香客。

丁香園基於其優質且數量龐大的用戶群體，開始逐級探索出一條屬於自己的商業模式，即「資料+服務」，這也是許多其他移動醫療公司獲得盈利的共同基石。未來，丁香園還將陸續完善其服務，比如基於地理位置的藥品價格查詢、個人用藥管理以及交互介面設計等。

隨著智慧硬體、軟體、移動互聯網、大資料、雲儲存等技術的不斷發展，對整個醫療行業將產生極其深遠的影響。而可穿戴設備時代的到來，將加速醫療服務行業的變革，兩者相輔相成，可穿戴設備的發力點在於醫療，而醫療的變革也將在很大程度上倚賴於可穿戴設備。

可穿戴設備對未來醫療的四大顛覆

可穿戴設備對於醫療領域的影響可以用兩個字來形容——顛覆。隨著移動互聯網生態圈的不斷形成，以及移動終端設備的普及，移動醫療開始逐漸顯現出其市場潛力來。而可穿戴設備的到來，將會加快移動醫療的發展。

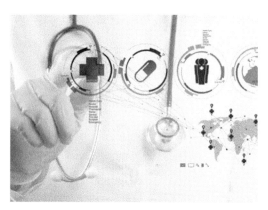

可穿戴設備成移動醫療載體

有關資料顯示，預計2017年底，中國移動醫療市場規模將突破百億，達到125.3億元。按照GSM對移動醫療行業測算的標準，醫療設備廠商和內容與應用提供商占比約39.83%。預計到2017年，中國可穿戴便攜醫療設備市場銷售規模將接近50億元。

可以預見，基於可穿戴設備的移動醫療將會朝著「智慧醫療」的方向發展。因為在醫療的各個細分領域，從診斷、監護、治療、給藥都將全面開啟一個智慧化的時代，結合商業醫療保險機構，全新的醫院、患者、保險的多方共贏商業模式也在探索中爆發。基於醫療大資料平臺的診斷與治療技術也將把個性化醫療推向一個前所未有的空間，傳統的醫療器械和醫院的商業模式或將被全面顛覆。

此外，基於可穿戴設備的醫療將會在很大程度上緩解醫療需求與醫療診治資源之間巨大的矛盾，將有效助力改善公共醫療資源配置不均的問題，特別是對於那些人口密集、醫療資源稀缺的國家。

可穿戴設備將給醫療領域帶來以下四大改變。

① 穿戴設備將成為收集、整合和分析醫療保健資料的基礎載體，通過穿戴設備的應用，實現健康醫療資訊私人定制的模式，科技化的大健康管理將會成為現實。

② 可穿戴設備能夠幫助人們節約醫療成本、縮短診療流程，未來將顛覆整個醫療就診模式。廣發證券研究報告指出，在全球範圍內針對移動醫療服務效果的臨床研究顯示，出院後的遠端監護可將病人的全部醫療費用降低42%，看醫生的時間間隔延長71%，住院時間降低35%等。

③ 未來將出現越來越多更加微型化、便捷化的可穿戴醫療設備。如美國食品和藥物管理局（FDA）推出的結腸鏡PillCam Colon裝置，大小如一粒膠囊，用這樣微小的設備做腸胃檢查，將在很大程度上減輕病人在就醫時的心理負擔及生理上遭受的痛苦。

④ 除此之外，可穿戴設備與醫療大數據平臺的結合，將對用戶實現長期動態監測，達到疾病預防、提升診療水準等健康管理目標。

智慧穿戴
大解構　INTELLIGENT WEAR

引爆下一輪商業浪潮

SANYAU
http://www.ju-zi.com.tw
三友圖書
友直　友諒　友多聞

作　　　　　者	陳　根
編　　　　　輯	黃玉成
校　　　　　對	鄭婷尹、林憶欣
美　術　設　計	曹文甄

發　　行　　人	程顯灝
總　　編　　輯	呂增娣
主　　　　　編	翁瑞祐、羅德禎
主　　　　　編	鄭婷尹、吳嘉芬
	林憶欣
美　術　主　編	劉錦堂
美　術　編　輯	曹文甄
行　銷　總　監	呂增慧
資　深　行　銷	謝儀方
行　銷　企　劃	李　昀

發　　行　　部	侯莉莉
財　　務　　部	許麗娟、陳美齡
印　　　務	許丁財
出　　版　　者	四塊玉文創有限公司

總　　代　　理	三友圖書有限公司
地　　　　　址	106台北市安和路2段213號4樓
電　　　　　話	(02) 2377-4155
傳　　　　　真	(02) 2377-4355
E-mail	service@sanyau.com.tw
郵　政　劃　撥	05844889 三友圖書有限公司

總　　經　　銷	大和書報圖書股份有限公司
地　　　　　址	新北市新莊區五工五路2號
電　　　　　話	(02) 8990-2588
傳　　　　　真	(02) 2299-7900

製　版　印　刷	鴻嘉彩藝印刷股份有限公司
初　　　　　版	2017年07月
定　　　　　價	新台幣320元
I S B N	978-986-95017-1-2（平裝）

國家圖書館出版品預行編目 (CIP) 資料

智慧穿戴大解構引爆下一輪商業浪潮 / 陳
根著;. -- 初版 . -- 臺北市：四塊玉文創,
2017.07
　　　面；　公分

ISBN 978-986-95017-1-2（平裝）

1. 數位產品 2. 產業發展 3. 市場分析
484.6　　　　　　　　　　　106010181

INTELLIGENT
WEAR

INTELLIGENT
WEAR